游戏UI 设计项目 实战

彭阳 李琳 周婷 主 编
张 婕 副主编

U0228168

清华大学出版社
北 京

内容简介

当下正是游戏产业蓬勃发展的时期，相较于端游、页游只能在 PC 上操作的固定模式，手机游戏已经无处不在。随着人们审美的不断提升，对游戏的可玩性，以及对游戏画面的要求更加严苛，这在很大程度上就要求游戏 UI 不断升级。本书应广大游戏界面设计者的需求，向读者们介绍如何设计美观又符合要求的游戏界面。另外，本书赠送所有 PPT 课件、讲义、项目案例的制作素材、源文件和演示视频，方便读者制作与学习。同时为教师提供了课程标准、讲义、授课 PPT 和测试习题，便于开展教学工作。

本书采用项目导入、任务驱动的编写方式，按照由简入繁、由易到难、由小到大的规律，确定教材各部分内容和任务的设计，构建起一个以相关职业能力为主线、结构清晰的教材体系。本书的知识点结构清晰、内容有针对性、实例精美实用，适合大部分游戏界面设计爱好者及设计专业的中、高职学生阅读。

图书在版编目（CIP）数据

游戏UI设计项目实战 / 彭阳，李琳，周婷主编. —北京：清华大学出版社，2023.4
ISBN 978-7-302-62994-8

Ⅰ. ①游… Ⅱ. ①彭… ②李… ③周… Ⅲ. ①游戏程序—程序设计 Ⅳ. ①TP311.5

中国国家版本馆CIP数据核字（2023）第040058号

责任编辑：张　敏
封面设计：郭二鹏
责任校对：胡伟民
责任印制：宋　林

出版发行：清华大学出版社
　　　　网　　　　址：http://www.tup.com.cn，http://www.wqbook.com
　　　　地　　　　址：北京清华大学学研大厦A座　　　邮　　编：100084
　　　　社　　总　　机：010-83470000　　　　　　　邮　　购：010-62786544
　　　　投稿与读者服务：010-62776969，c-service@tup.tsinghua.edu.cn
　　　　质　量　反　馈：010-62772015，zhiliang@tup.tsinghua.edu.cn
　　　　课　件　下　载：http://www.tup.com.cn，010-83470236
印　装　者：北京博海升彩色印刷有限公司
经　　销：全国新华书店
开　　本：185mm×260mm　　印　　张：13.5　　字　　数：350千字
版　　次：2023年6月第1版　　印　　次：2023年6月第1次印刷
定　　价：99.00元

产品编号：071477-01

随着游戏行业的日益发展，游戏界面设计越来越受到重视。对于游戏界面设计制作人员来说，能够熟练掌握游戏界面设计的流程和工具，将大大提升工作效率，降低游戏的开发成本和制作周期。

本书使用了游戏公司真实商业项目游戏产品界面作为案例，为了便于不同基础的读者学习，按照设计制作难度，以单独项目的形式逐级划分为"设计制作游戏界面基本元素""设计制作游戏开始界面""设计制作游戏活动界面"和"设计制作游戏排行榜界面"4 个项目。上述 4 个项目内容及难度进阶如表 1 所示。

表 1　项目内容及难度进阶

项　　目	任　　务	难　　度
项目一 设计制作游戏界面基本元素	任务一 设计制作游戏界面进入游戏按钮 任务二 设计制作游戏界面领取按钮 任务三 设计制作游戏界面葫芦道具图标	基础
项目二 设计制作游戏开始界面	任务一 设计制作开始界面选择服务器框 任务二 设计制作游戏 Logo 标题文字和背景 任务三 设计制作辅助按钮和资源整合	进阶
项目三 设计制作游戏活动界面	任务一 设计制作领取按钮和立即参与按钮 任务二 设计制作如意图标和星耀图标 任务三 设计制作并整合游戏活动界面	提高
项目四 设计制作游戏排行榜界面	任务一 设计制作游戏排行榜界面玩家头像框 任务二 设计制作游戏排行榜界面底框 任务三 设计制作游戏排行榜界面标签与列表	实战

本书特点

书中的每个项目模拟实际工作过程，通过展示某游戏公司工作单的形式，帮助读者提前知晓项目的制作内容和对应的知识点。并以"知识储备"的形式，针对完成本项目中任务所需了解的知识点进行讲解。按照实际工作开发流程将项目划分为若干典型职业任务，每个任务包括任务分析、任务实施和任务评价 3 部分。任务完成后，读者还可以通过课后测试中的选择题、判断题和创新题，测试学习效果，巩固学习内容。

本书以游戏公司游戏界面设计师岗位要求为标准，分别与游戏界面设计师的专业能力和职业能力相对应，具体内容如表 2 所示。

表 2　游戏界面设计师岗位职业能力与教材内容

岗位描述	专业能力	职业能力	对应教材内容
游戏界面设计师	熟悉游戏界面设计的规格和标准	设计游戏整体界面风格及相关资源	项目一 设计制作游戏界面基本元素
	了解不同风格游戏界面的要点	负责游戏中图标、按钮和 Logo 的设计	项目二 设计制作游戏开始界面
	熟练完成游戏界面的设计制作与输出	游戏系统架构设计及规则划分，包括玩法细致设定、规则设定及细化	项目三 设计制作游戏活动界面
	工作文档撰写及与程序、美术的沟通协调	游戏相关元素的细致设定与划分，包括规则、角色、道具、任务等	项目四 设计制作游戏排行榜界面

本书资源

本书赠送书中所有项目案例的制作素材、源文件和演示视频，方便读者制作与学习。同时为教师提供了课程标准、讲义、素材源文件、授课 PPT、测试习题和课后习题答案，便于开展教学工作，读者可以扫描下方二维码填写相关基本信息后获取相关资源，也可以扫描正文中对应的二维码获取演示视频。

　课程标准　　　　　讲义　　　　　授课 PPT　　　　测试习题　　　　素材源文件　　　课后习题答案

关于作者

本书由彭阳、李琳、周婷任主编，张婕任副主编。由于时间仓促，书中难免有错误和疏漏之处，希望广大读者朋友批评、指正，我们一定会全力改进，在以后的工作中加强和提高。

致谢

在此特别感谢完美世界教育科技（北京）有限公司提供的企业项目案例与技术指导，为本书的编写提供了大力支持。

编　者

2022.11

目录
CONTENTS

设计制作游戏界面基本元素

本项目将完成游戏界面基本元素的设计制作。通过完成游戏界面中按钮与图标的设计制作，帮助读者掌握游戏界面基本元素的设计方法和技巧。项目按照设计制作难度，依次完成"设计制作游戏界面进入游戏按钮""设计制作游戏界面领取按钮"和"设计制作游戏界面葫芦道具图标"3 个任务，最终的完成效果如图 1-1 所示。

图 1-1　游戏界面基本元素效果

根据研发组的要求，下发设计工作单，对界面设计注意事项、制作规范和输出规范等制作项目提出详细的制作要求。设计人员根据工作单要求在规定的时间内完成游戏基本元素的设计制作，工作单内容如表 1-1 所示。

表 1-1　某游戏公司游戏 UI 设计工作单

工作单						
项目名	设计制作游戏界面基本元素				供应商	
分类	任务名称	开始日期	提交日期	进入游戏按钮	操作按钮	葫芦图标按钮	工时小计
UI	基本元素			1 天	1 天	2 天	
注意事项	按钮与图标要根据其功能的不同设计制作出"激活"和"未激活"两种状态					
制作规范	内容	大小（像素）	颜色	位置	设计效果	
	进入游戏按钮	350×150	红棕色金黄色	开始界面Logo 下方	采用中国风风格设计，搭配精细纹理背景，主题明确突出	
	领取按钮	500×200	红棕色金黄色	活动界面详情下方	与游戏其他界面中的按钮风格一致，并制作不同的状态效果	
	葫芦道具图标	500×500	浅绿色黄绿色	活动界面详情中	造型精致、华丽，能吸引玩家注意。图标的光影效果，过渡自然	
输出规范	游戏界面元素 PSD 源文件一张，PNG 效果图一张					

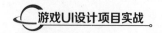

┃知识储备

1.1 UI 设计与游戏 UI

UI 设计和游戏 UI 是包含与被包含的关系，不管从广义还是狭义上讲，游戏 UI 设计都是 UI 设计的分支，这就决定了游戏 UI 与设计有着千丝万缕的联系，但又不尽相同。接下来分别向读者介绍 UI 设计与游戏 UI 的概念，帮助读者理清 UI 设计与游戏 UI 设计的关系。

1.1.1 UI 设计的概念

UI（User Interface）是指用户界面，也称为使用者界面，指对软件的人机交互、操作逻辑、界面美观进行的整体设计，是系统和玩家之间进行交互和信息交换的介质。UI 是广义概念，它包括 UE（玩家体验）设计、GUI（图形用户界面）设计及 ID（交互设计）。

1. UE（玩家体验）

UE 设计关注的是玩家的行为习惯和心理感受，就是研究玩家怎么使用软件或硬件才觉得顺心如意。

2. GUI（图形用户界面）

GUI 设计具体来讲就是界面设计，它只负责应用的视觉界面，国内大部分的 UI 设计师其实做的就是 GUI。

3. ID（交互设计）

ID 设计简单来讲是指人和应用之间的互动过程，一般由交互工程师来做。

> **┃提 示**
>
> UI设计是指对应用的人机交互、操作逻辑、界面美观的整体设计。好的UI设计不仅是让应用变得有个性，区别于其他产品，还要让玩家便捷、高效、舒适、愉悦地使用。

在人机交互中，有一个层面称为界面。按照心理学的角度来讲，可以把界面分为两个层次：感觉（视觉、触觉、听觉）和情感。人们在使用某个产品时，第一时间直观感受到的是屏幕上的界面。

一个友好、美观的界面能给人带来愉悦的感受，增加玩家的产品黏度，为产品增加附加值。通常，很多人会觉得界面设计仅仅是视觉层面的东西，这是错误的理解。设计师需要定位玩家群体、使用环境、使用方法，最后根据这些数据进行科学的设计。

判断一款界面设计好坏与否，不是由领导和项目成员决定的，最有发言权的是玩家，而且不是一个玩家说了算，是一个特定的群体。所以 UI 设计需要时刻与玩家研究紧密结合，时刻考虑玩家会怎么想，这样才能设计出玩家满意的产品，图 1-2 所示为出色的游戏 UI 设计。

图 1-2 出色的游戏 UI 设计

1.1.2　GUI 设计的概念

GUI 英文全称为 Graphical User Interface，中文名称为图形用户界面，是指使用图形方式显示的计算机操作玩家界面。GUI 设计的广泛应用是当今计算机发展的重大成就之一，它使非专业玩家操作玩家界面时变得非常方便。人们从此不需要死记硬背大量的命令，取而代之的是可以通过窗口、菜单、按键等方式方便地对玩家界面进行操作。

图形玩家界面是一种人与计算机通信的界面显示格式，允许玩家使用鼠标等输入设备操纵屏幕上的图标或菜单选项，以选择命令、调用文件、启动程序或执行其他一些日常任务，如图 1-3 所示。

图 1-3　通过鼠标操作菜单选项

GUI 设计是 UI 的一种表达方式，是以可见的图形方式展现给玩家的。而 UE（玩家体验）是玩家与产品的交互过程中所获得的感受，同 GUI 相比它是不可见的。GUI 与 UE 是 UI 设计过程中最为重要的组成部分，它们是相互影响并紧密联系的，在 UI 设计过程中，GUI 设计的目的就是为了提高和改善人机交互过程，使玩家操作更为直接和方便。

如果将整个人机交互过程理解为一个系统，那么玩家体验就是一个系统反馈，有了这个反馈，系统就可以不断修正自身误差，以达到最佳的输出状态。图 1-4 所示为出色的游戏 UI 设计。

图 1-4　游戏 UI 设计

1.1.3　游戏 UI 设计的概念

在计算机科学领域，界面是人与机器交流的一个"层面"，通过这一层面，人可以对计算机发出指令，并且计算机可以将指令的接收、执行结果通过界面即时反馈给使用者，如此循环往复，便形成了人与机器的交互过程，这个承载信息接收与反馈的层面就是人机界面。

设计这个人机界面的过程被称为游戏 UI 设计，即游戏 UI 就是游戏的玩家界面，包括游戏前和游戏中两个部分的所有界面。图 1-5 所示为 UI 设计、GUI 设计和游戏 UI 设计的从属关系。

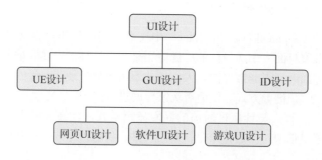

图 1-5　UI 设计、GUI 设计和游戏 UI 设计的从属关系

在游戏领域中，玩家与游戏的沟通也是通过界面这一媒介实现的，即游戏界面是玩家与游戏进行沟通的桥梁。

玩家通过游戏界面对游戏中的各个环节、功能进行选择，实现游戏视觉和功能的切换，并对游戏角色和进程进行控制，游戏界面则同步反馈玩家在游戏中的状态。

游戏界面的存在不仅让游戏与游戏参与者之间建立了联系，同时也将游戏玩家以一种特殊的方式连接起来。图 1-6 所示为精美的游戏 UI 设计。

图 1-6　精美的游戏 UI 设计

1.2　游戏 UI 设计的流程

一个游戏 UI 的设计可以分为需求阶段、分析设计阶段、调研验证阶段、方案改进阶段和玩家验证反馈阶段 5 个阶段。

1.2.1　需求阶段

游戏 UI 属于工业设计的范畴，依然离不开 3W 的考虑（Who、Where、Why），也就是使用者、使用环境、使用方式的需求分析。所以在设计一个游戏产品的 UI 部分之前，同样应该明确什么人用（玩家的年龄、性别、爱好、收入和教育程度等），什么地方用（办公室、家庭、公共场所），如何用（鼠标键盘、手柄、屏幕触控）。上述任何一个元素改变了，结果都会有相应的改变。举一个简单的例子，当设计一套 PC 平台的 Q 版网络游戏界面和一套游戏机平台的动作游戏界面时，由于针对的受众不同，操作习惯与操作方式的差别，所以在设计风格上也要体现出相应的变化。

除此之外，在需求阶段同类竞争产品也是必须要了解的。同类产品比我们设计的产品提前问世，我们只有做得更好才有存在的价值。那么单纯从 UI 的美学角度考虑来评判哪个好哪个不好，并没有一个客观的评价标准，只能说哪个更合适。更合适于最终玩家的产品就是最好的产品。

1.2.2 分析设计阶段

通过分析上面的需求后进入设计阶段，也就是方案形成阶段。可以设计出几套不同风格的界面用于备选。首先制作一个体现玩家定位的词坐标，例如，以 18 岁左右的男性玩家为游戏的主要玩家，对于这类玩家分析得到的词汇有刺激、精美、娱乐、趣味、交流、时尚、酷、个性、品质、放松等。分析这些词汇时会发现有些词是必须体现的，如品质、精美、趣味、交流。但有些词是相互矛盾的，必须放弃，如时尚、放松、酷、个性化等。因此可以画出一个坐标，上面是必须体现的品质：精美、趣味、时尚、交流。左边是贴近玩家心理的词汇：时尚、放松、人性化，右边是体现玩家外在形象的词汇：酷、个性、工业化。然后开始收集相应的素材，放在坐标的不同点上，这样就可以根据不同坐标的风格，设计出数套不同风格的游戏 UI。

图 1-7 所示为网络休闲游戏《QQ 堂》的游戏 UI，其主要玩家为女性。

图 1-7 休闲游戏《QQ 堂》游戏 UI

1.2.3 调研验证阶段

几套风格必须保证在同等的设计制作水平上，且不能看出明显差异，这样才能得到玩家客观的反馈。

调研验证阶段开始前，应该对测试的细节进行清楚的分析描述。

例如：

数据收集方式：厅堂测试 / 模拟家居 / 办公室。

测试时间：X 年 X 月 X 日。

测试区域：北京、上海、广州。

测试对象：某游戏界定市场玩家。

主要特征为：

• 对计算机的硬件配置以及相关的性能指标比较了解，计算机应用水平较高。

• 计算机使用经历一年以上。

• 玩家购买游戏时，品牌和游戏类型的主要决定因素。

• 年龄：X ~ X 岁。

• 年龄在 X 岁以上的被访者文化程度为大专及以上。

- 个人月收入 X 元以上或家庭月收入 X 元及以上。
- 样品：X 套游戏界面。
- 样本量：X 个，实际完成 X 个。

调研阶段需要从以下几个问题出发：

- 玩家对各套方案的第一印象。
- 玩家对各套方案的综合印象。
- 玩家对各套方案的单独评价。
- 选出最喜欢的。
- 选出其次喜欢的。
- 对各套方案的色彩、文字、图形等分别打分。
- 结论出来以后请所有玩家说出最受欢迎方案的优缺点。

所有这些都需要使用图形表达出来，这样更加直观、科学。

1.2.4　方案改进阶段

经过玩家调研，得到目标玩家最喜欢的方案，并且了解到玩家为什么喜欢，还有什么遗憾等，这样就可以进行下一步修改了。此时可以把精力投入到一个方案上，将该 UI 设计方案做到细致精美。

1.2.5　玩家验证反馈阶段

改正以后的方案就可以推向市场了，但是设计并没有结束，设计者还需要玩家反馈。好的设计师应该在产品上市以后多与玩家接触，了解玩家使用时的真正感想，为以后的版本升级积累经验资料。

经过上面设计过程的描述，可以清楚地发现，游戏界面 UI 设计有一个非常科学的推导公式，其中包括设计师对艺术的理解感悟，但绝对不是仅仅表现在设计师个人的绘画水平上，所以要再次强调这个工作过程是设计的过程。

以上是整个游戏界面 UI 设计需要经过的主要流程，但实际操作中设计师可能还会面临很多问题，如时间、质量等，所以这里并不强调一定要严格按照这个公式来设计和制作游戏界面。

图 1-8 所示为网络游戏《剑侠情缘 online》的游戏 UI，在该游戏的整个开发过程中，游戏界面 UI 的设计尝试了几种不同的风格，从最初华丽炫目的界面设计方案到最后朴实简洁的完成品，可以看到游戏 UI 设计师的整个创作过程是在不断地进行思维的演变，同时积极与玩家互动，将玩家反馈的意见加以整理与提取，才把最适合玩家的方案呈现在玩家面前。

图 1-8　网络游戏《剑侠情缘 online》的游戏 UI

1.3 游戏 UI 设计原则

虽然任何设计都没有固定的规则，但是设计师们在长期进行游戏 UI 设计的过程中，通过研究与经验的积累探寻出了一些适用于游戏 UI 设计的原则。下列几条原则是设计师们在进行设计时应该遵循的。

1.3.1 设计简洁

游戏 UI 设计要尽量简洁，目的是便于游戏玩家使用，减少操作上的失误。这种简洁性的设计和人机工程学非常相似，也可以说就是同一个方向，都是为了方便人的行为而产生的，在现阶段已经普遍应用于人们生活中的各个领域，并且在未来还会继续拓展。图 1-9 所示为简洁的游戏 UI。

图 1-9　简洁的游戏 UI

1.3.2 为玩家着想

游戏 UI 设计的语言要能够代表游戏玩家说话而不是设计者。这里所说的代表，就是把大部分玩家的想法实体化表现出来，主要通过造型、色彩、布局等几个主要方面表达，不同的变化会产生不同的心理感受。例如，尖锐、红色和交错带来了血腥、暴力、激动、刺激和张扬等情绪，适合打击感强的游戏；而平滑、黑色和屈曲带来了诡异、怪诞和恐怖的气息；又如分散、粉红、嫩绿和圆钝能带给玩家可爱、迷你和浪漫的感觉。优秀的搭配能够提高玩家的游戏体验，为玩家的各种新奇想法助力。图 1-10 所示为不同配色的游戏 UI 设计带给玩家的不同心理感受。

图 1-10　不同配色的游戏 UI 带给玩家不同的心理感受

1.3.3 统一性

游戏 UI 设计的风格、结构必须与游戏的主题和内容相一致，优秀的游戏 UI 设计都具备这个特点。以游戏 UI 配色为例，就算只是使用几种颜色搭配，也不容易使界面风格统一，因为颜色的比重会对画面产生不同的影响，所以要对统一性做出多种统一方式。例如，固定一个色版，确定颜色的色相、纯度和明度的同时，对颜色搭配的比例和主次也要进行说明。

统一界面除了色彩，还有控件，这也是一个可以重复利用和统一的最好方式。可以将边框、底纹、标记、按钮和图标等控件都使用一致的纹样、结构和设计。最后是统一界面中的文字，每个游戏界面中最多只能使用 1 ～ 2 种字体，过多就会显得不统一。图 1-11 所示为风格统一的游戏 UI 设计。

图 1-11　风格统一的游戏 UI 游戏

1.3.4 清晰性

视觉效果的清晰有助于游戏玩家对游戏的理解，方便游戏玩家对功能的使用。对于移动设备上的游戏来说，为了获得更好的显示效果，需要制作不同分辨率的美术资源，以达到更清晰的显示效果，这也是目前无法解决的硬件与软件间的问题。图 1-12 所示为视觉效果清晰的游戏 UI。

图 1-12　视觉效果清晰的游戏 UI

1.3.5 习惯与认知

游戏 UI 设计在操作上的难易程度尽量不要超出大部分游戏玩家的认知范围，并且要考虑大部分游戏玩家玩游戏时的习惯。不同的游戏人群拥有不同的年龄特点和时代背景，所接触的游戏也大不相同。设计师要提前定位目标人群，把他们可能玩过的游戏进行统一整理，分析并制定符合他们习惯的界面认知系统。图 1-13 所示为符合不同玩家操作习惯认知的游戏 UI。

图 1-13　符合不同玩家操作习惯认知的游戏 UI

1.3.6　自由度

游戏玩家在与游戏进行互动时的方式具有多重性，自由度很高。例如，操作的工具不局限于鼠标和键盘，也可以是游戏手柄、体感游戏设备。这一点对于高端玩家非常重要，因为他们不会停留在基础的玩法上，而是会利用游戏中的各种细微空间来表现出自身的不同和优势，所以游戏 UI 设计师需要为这类人群提供自由度较高的设计。图 1-14 所示为体感游戏和手柄游戏的 UI。

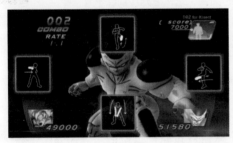

图 1-14　体感游戏和手柄游戏的 UI

▌项目实施

本项目讲解设计制作游戏界面基本元素的相关知识内容，主要包括"设计制作游戏界面进入游戏按钮""设计制作游戏界面领取按钮"和"设计制作游戏界面葫芦道具图标"3 个任务，项目实施内容与操作步骤如图 1-15 所示。

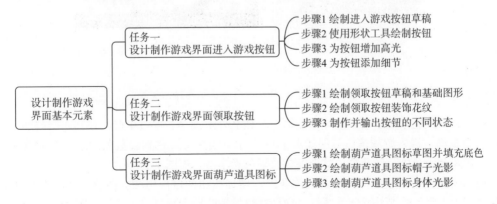

图 1-15　项目实施内容与操作步骤

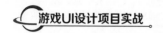

1.4 任务一　设计制作游戏界面进入游戏按钮

本任务使用 Photoshop CC 2021 软件完成游戏开始界面中进入游戏按钮的设计制作。按照实际工作中的制作流程，制作过程分为绘制进入游戏按钮草稿、使用形状工具绘制按钮、为按钮增加高光和为按钮添加细节 4 个步骤。完成后进入游戏按钮的效果如图 1-16 所示。

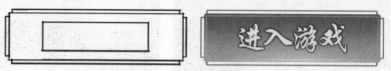

图 1-16　进入游戏按钮效果

任务目标	了解游戏界面进入游戏按钮的作用； 掌握使用画笔工具绘制按钮草稿的方法； 掌握使用描边路径制作花纹的方法； 掌握使用画笔工具绘制按钮高光的方法； 培养学生综合创新思维能力； 培养学生知识拓展应用能力	扫一扫观看演示视频
主要技术	画笔工具、形状工具、"图层"面板、描边路径、移动工具、横排文字工具	
源文件	源文件 \ 项目一 \ 进入游戏 .psd	
素材	素材 \ 项目一 \	

1.4.1　任务分析

本任务将制作一个游戏开始界面中的进入游戏按钮，按钮最终效果如图 1-17 所示。进入游戏按钮通常与游戏 Logo 和选择服务器框放置在一起，便于玩家快速找到并操作。

图 1-17　游戏开始界面中的进入游戏按钮

> **提　示**
>
> 游戏开始界面中的其他元素的设计制作将在本书项目二中详细讲解。

进入游戏按钮采用了场景的矩形轮廓，为使其外形不至于太过单调，在其四周添加了线条花纹作为装饰，进入游戏按钮草图如图 1-18 所示。使用红棕色到浅黄色的渐变作为按钮的背景色，搭配金黄色的装饰花纹，整个按钮效果色彩丰富，如图 1-19 所示。

使用描边路径为按钮添加底部装饰花纹，增加按钮的层次感和立体感，如图 1-20 所示。使用"画笔工具"绘制外部装饰花纹，增加花纹的趣味性和独特性，效果如图 1-21 所示。

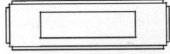

图 1-18 进入游戏按钮草图

图 1-19 绘制按钮背景

图 1-20 添加底部装饰花纹

使用"画笔工具"绘制按钮的高光效果，丰富按钮的光影效果，如图 1-22 所示。使用"横排文字工具"输入按钮名称，表明按钮的功能，如图 1-23 所示。

图 1-21 绘制外部装饰花纹

图 1-22 绘制丰富光影效果

图 1-23 输入按钮名称

1.4.2 任务实施

步骤1 绘制进入游戏按钮草稿

Step01 启动 Photoshop 软件，执行"文件"→"新建"命令，在弹出的"新建文档"对话框中设置文档的尺寸为 350×150 像素，如图 1-24 所示。单击"背景内容"选项右侧的色块，在弹出的"拾色器"对话框中设置背景颜色为 #848484，如图 1-25 所示。

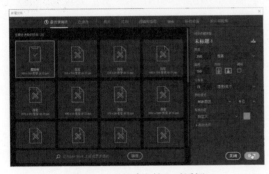

图 1-24 "新建文档"对话框

图 1-25 设置背景颜色

Step02 单击"确定"按钮，再单击"创建"按钮，完成新文档的创建，如图 1-26 所示。执行"视图"→"按屏幕大小缩放"命令或按 Ctrl+0 组合键，按屏幕大小缩放画布效果如图 1-27 所示。

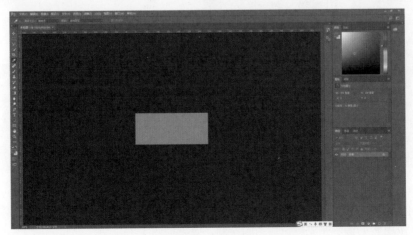

图 1-26 新建文档

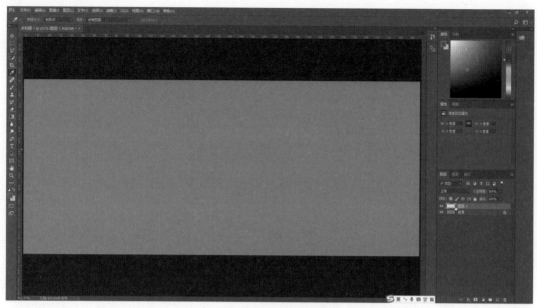

图 1-27　按屏幕大小缩放画布

Step03 在"图层"面板中新建一个名为"草稿"的图层，如图 1-28 所示。设置"前景色"为白色，单击工具箱中的"画笔工具"按钮，在画布中单击鼠标右键，在打开的面板中选择"硬边圆压力大小"笔刷，设置笔刷"大小"为 2 像素，如图 1-29 所示。

> **提　示**
>
> 将计算机设备连接绘图板后，单击面板右上角的 ⚙ 图标，在打开的下拉列表框中选择"描边缩览图"选项，即可看到笔刷的描边效果。

Step04 按住 Shift 键，使用"画笔工具"绘制按钮草图，如图 1-30 所示。单击工具箱中的"橡皮擦工具"按钮，在画布中单击鼠标右键，在打开的面板中选择"硬边圆压力不透明度"笔刷，设置笔刷"大小"为 20 像素，如图 1-31 所示。

图 1-28　新建图层

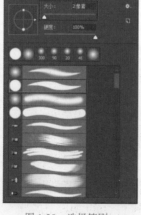

图 1-29　选择笔刷

图 1-30　绘制按钮草图

Step05 使用"橡皮擦工具"将草图多余的部分擦去，效果如图 1-32 所示。继续使用"画笔工具"和"橡皮擦工具"完成按钮草图的绘制，效果如图 1-33 所示。

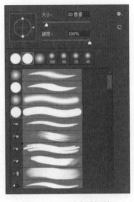

图1-31 选择笔刷

图1-32 使用"橡皮擦工具"修饰草图

Step06 使用"矩形选框工具"在画布中拖曳创建一个选区，按 Delete 键删除选中对象，效果如图 1-34 所示。继续使用"画笔工具"标注按钮文字的书写区域，如图 1-35 所示。

图1-33 完成按钮草图的绘制

图1-34 选中并删除中间内容

图1-35 标注按钮文字的书写区域

步骤2 使用形状工具绘制按钮

Step01 单击工具箱中的"圆角矩形工具"按钮，在工具选项栏中选择"形状"绘图模式，在画布中拖曳创建一个圆角矩形，效果如图 1-36 所示。在"属性"面板中修改圆角"半径"值为 4 像素，如图 1-37 所示。

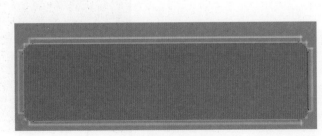

图1-36 绘制圆角矩形

图1-37 修改圆角半径值

Step02 修改"圆角矩形 1"图层的图层名为"按钮底色"，并将其拖曳到"草稿"图层下方，

"图层"面板如图 1-38 所示。圆角矩形效果如图 1-39 所示。

图 1-38　"图层"面板

图 1-39　圆角矩形效果

Step03 选中"按钮底色"图层，单击"图层"面板底部的"添加图层样式"按钮 **fx**，在打开的下拉列表框中选择"渐变叠加"选项，如图 1-40 所示。弹出"图层样式"对话框，设置"渐变叠加"样式参数，如图 1-41 所示。

图 1-40　添加图层样式

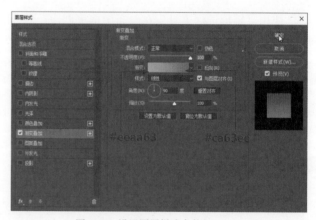

图 1-41　设置图层样式参数

Step04 单击"确定"按钮，"渐变叠加"图层样式效果如图 1-42 所示。单击"草稿"图层前的眼睛图标，隐藏"草稿"图层。按住 Ctrl 键的同时单击"按钮底色"图层的图层缩览图，如图 1-43 所示。

图 1-42　添加"渐变叠加"效果

图 1-43　载入图层选区

Step05 被调出的"按钮底色"图层选区如图 1-44 所示。执行"选择"→"修改"→"收缩"

命令，在弹出的"收缩选区"对话框中设置"收缩量"为 3 像素，如图 1-45 所示。

图 1-44　"按钮底色"图层选区　　　　　　　图 1-45　"收缩选区"对话框

Step06 单击"确定"按钮，选区收缩效果如图 1-46 所示。新建一个名为"描边"的图层，设置前景色为绿色，按 Alt+Delete 组合键，使用前景色填充图层，"图层"面板如图 1-47 所示。

图 1-46　收缩选区效果　　　　　　　　　　图 1-47　新建并填充图层

提　示

由于该填充颜色不会应用于最终的制作效果，因此填充任何颜色都可以。

Step07 按 Ctrl+D 组合键取消选区，修改"描边"图层的"填充"不透明度为 0%，如图 1-48 所示。为"描边"图层添加"描边"图层样式，在弹出的"图层样式"对话框中设置"描边"参数，如图 1-49 所示。

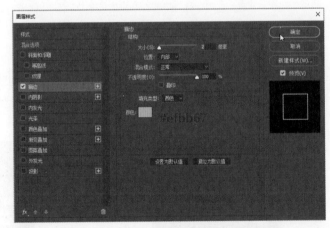

图 1-48　修改"填充"不透明度　　　　　图 1-49　设置"描边"图层样式参数

Step08 单击"确定"按钮，描边样式效果如图 1-50 所示。新建一个名为"描边"的图层组，将"描边"图层拖曳到新建的图层组中，"图层"面板如图 1-51 所示。

Step09 单击"图层"面板底部的"添加图层蒙版"按钮，为"描边"图层组添加蒙版，如图 1-52 所示。单击图层蒙版，设置"前景色"为黑色，单击"画笔工具"按钮，选择"柔边圆压力不透明度"笔刷，设置"大小"为 30 像素，如图 1-53 所示。

图1-50　描边样式效果

图1-51　"图层"面板

图1-52　添加图层蒙版

Step10 在选项栏中修改画笔"不透明度"为40%，使用"画笔工具"在描边上部涂抹，效果如图1-54所示。

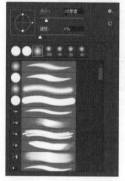

图1-53　选择并设置笔刷

图1-54　涂抹蒙版效果

> **提　示**
>
> 通过创建图层蒙版，使用半透明的黑色画笔在蒙版上涂抹，可以降低顶部描边的明亮度，得到柔和的描边效果。

步骤3　为按钮增加高光

Step01 在"图层"面板中选择"按钮底色"图层，单击"创建新图层"按钮，新建一个名为"按钮高光"的图层，如图1-55所示。执行"图层"→"创建剪贴蒙版"命令或者按Alt+Ctrl+G组合键，创建剪贴蒙版，如图1-56所示。

图1-55　新建图层

图1-56　创建剪贴蒙版

技　巧

将光标移动到两个相交图层的边上,当光标变成 🖐□ 时,单击即可快速创建剪贴蒙版。在图层上单击鼠标右键,在弹出的快捷菜单中选择"创建剪贴蒙版"命令,也可以对当前图层与下面图层创建剪贴蒙版。

Step 02 双击"按钮底色"图层,在弹出的"图层样式"对话框中选择"将内部效果混合成组"复选框,取消选择"将剪贴图层混合成组"复选框,如图 1-57 所示。单击"确定"按钮。

Step 03 将"前景色"设置为#f7da8a,选择"柔边圆压力不透明度"笔刷,设置画笔"不透明度"为 40%,使用"画笔工具"在"按钮高光"图层上绘制按钮底部高光,效果如图 1-58 所示。

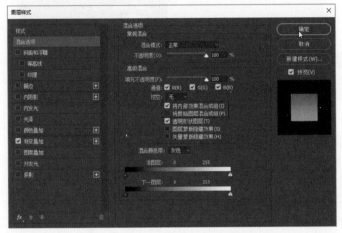

图 1-57　设置"图层样式"对话框中的参数

图 1-58　绘制按钮底部高光

提　示

由于"按钮底色"图层添加了"渐变叠加"图层样式,所以在该图层上直接绘制将无法显示。选择"将内部效果混合成组"复选框,取消选择"将剪贴图层混合成组"复选框即可解决。

Step 04 在"描边"图层组上方新建一个名为"描边高光"的图层,如图 1-59 所示。设置"前景色"为#ffef8f,使用"矩形选框工具"创建如图 1-60 所示的选区。

图 1-59　新建图层

图 1-60　创建矩形选区

Step 05 设置笔刷"不透明度"为 40%,使用"画笔工具"创建中间亮两侧浅的效果,如图 1-61 所示。按 Ctrl+D 组合键取消选区,底部描边效果如图 1-62 所示。

Step 06 将"草稿"图层显示出来,在"按钮底色"图层下面新建一个名为"按钮花纹"的图层,如图 1-63 所示。设置"前景色"为 #b15221,选择"硬边圆压力不透明度"笔刷,设置"大小"为 3 像素,如图 1-64 所示。

| 图 1-61 绘制描边高光 | 图 1-62 底部描边效果 | 图 1-63 新建图层 |

Step 07 使用"画笔工具"沿草稿图绘制水平花纹,效果如图 1-65 所示。继续使用"画笔工具"绘制垂直的花纹,效果如图 1-66 所示。

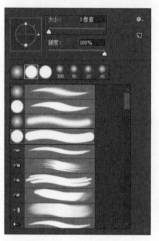

| 图 1-64 选择笔刷 | 图 1-65 绘制水平花纹 | 图 1-66 绘制垂直花纹 |

提 示

使用画笔工具绘制花纹时,可以按住 Shift 键进行绘制,确保绘制垂直和水平的线条。同时,绘制完成的线条要保持一致的粗细,并且与按钮距离一致。

Step 08 使用"矩形选框工具"选中顶部的花纹,按住 Alt+Shift 组合键的同时使用"移动工具"向下拖曳复制,效果如图 1-67 所示。

Step 09 执行"编辑"→"自由变换"命令或按 Ctrl+T 组合键,自由变换对象,单击鼠标右键,在弹出的快捷菜单中选择"垂直翻转"命令,如图 1-68 所示。

Step 10 双击鼠标左键,确定变换。使用"移动工具"调整复制花纹到如图 1-69 所示的位置。取消选区,继续使用相同的方法,复制并水平翻转花纹,制作右侧花纹,效果如图 1-70 所示。

图 1-67　拖曳复制顶部花纹

图 1-68　垂直翻转对象

图 1-69　调整复制花纹并移动位置

图 1-70　右侧花纹效果

技 巧

移动对象时，按住Shift键可以确保在水平或垂直方向上移动。缩放对象时，按住Shift键，将实现等比缩放对象的操作。

Step 11 单击工具箱中的"横排文字工具"按钮，在画布中单击并输入文字内容，如图 1-71 所示。在"字符"面板中设置文字的各项参数，设置文字颜色为 #fff1dc，效果如图 1-72 所示。

图 1-71　输入文字

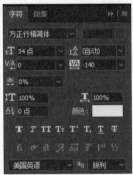

图 1-72　设置文字参数

提 示

按钮上的文字要具有古风、不能太细和便于阅读等特点。读者可以在网上搜索行书、楷书等字库下载使用。

Step 12 按住 Ctrl 键并单击"按钮底色"图层缩览图，将其选区调出。选择"进入游戏"图层，单击选项栏中的"水平居中对齐"按钮 ，将文字与按钮水平居中对齐，如图 1-73 所示。

Step 13 为文字图层添加"外发光"图层样式，在弹出的"图层样式"对话框中设置"外发光"

各项参数，如图 1-74 所示。

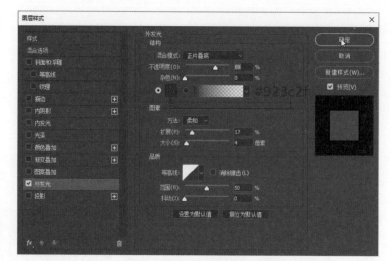

图 1-73　文字居中对齐按钮　　　　　　　　图 1-74　设置"外发光"样式参数

Step14 单击"确定"按钮，按钮文字效果如图 1-75 所示。"图层"面板如图 1-76 所示。

图 1-75　按钮文字效果　　　　　　　　　图 1-76　"图层"面板

步骤4　为按钮添加细节

Step01 单击工具箱中的"椭圆工具"按钮，在选项栏中选择"路径"绘图模式，在按钮左下角绘制正圆路径，如图 1-77 所示。

Step02 按 Ctrl+C 组合键复制路径，再按 Ctrl+V 组合键粘贴路径，按 Ctrl+T 组合键自由变换形状，按住 Alt 键自由变换路径，效果如图 1-78 所示。

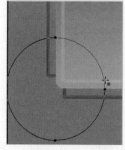

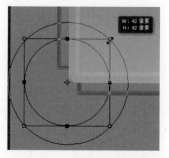

图 1-77　绘制正圆路径　　　　　　　　　图 1-78　复制并缩放路径

Step 03 按 Enter 键确认变换。使用相同的方法，再次复制、粘贴并缩放一个路径，如图 1-79 所示。新建一个名为"按钮内部花纹"图层，调整位置到"按钮底色"上方并创建剪贴蒙版，如图 1-80 所示。

> **提　示**
>
> 　　按住Alt键缩放对象，将以自由变换中心为参考点缩放对象。为了获得更好的视觉效果，复制的 3个路径间距要基本相等。

Step 04 设置"前景色"为 #fce487，按 B 键，在画布中单击鼠标右键，在打开的面板中选择 "硬边圆压力不透明度"笔刷，设置"大小"为 2 像素，如图 1-81 所示。

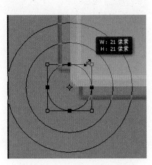

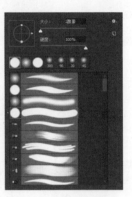

图 1-79　复制并缩放路径　　　图 1-80　新建图层并创建剪贴蒙版　　　图 1-81　选择笔刷

Step 05 选中"路径"面板中的工作路径，按住 Alt 键的同时单击面板底部的"用画笔描边路径"按钮○，弹出"描边路径"对话框，如图 1-82 所示。

Step 06 在"工具"下拉列表中选择"画笔"选项，用画笔进行描边，如图 1-83 所示。单击"确定"按钮，路径描边效果如图 1-84 所示。

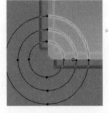

图 1-82　"描边路径"对话框　　　图 1-83　使用"画笔"描边　　　图 1-84　路径描边效果

Step 07 使用"矩形选框工具"拖曳选中花纹，如图 1-85 所示。按住 Alt 键的同时使用"移动工具"向右拖曳复制并水平翻转，调整到如图 1-86 所示的位置。

> **提　示**
>
> 　　直接拖曳复制对象，将会创建一个新的图层。创建选区后再拖曳复制对象，将会在当前图层中 复制对象，不会新建图层。

Step 08 修改"按钮内部花纹"图层的图层"不透明度"为 25%，效果如图 1-87 所示。按 E 键，使用"橡皮擦工具"擦除暗纹的两侧，效果如图 1-88 所示。

Step 09 新建一个名为"亮光花纹"图层，调整位置到"按钮内部花纹"上方并创建剪贴蒙版，如图 1-89 所示。设置"前景色"为 #fce487，笔刷不透明度为 40%，使用"画笔工具"在按钮底部多次单击，绘制大小不一的圆形光点，效果如图 1-90 所示。

图 1-85　选中花纹　　　　图 1-86　复制花纹　　　　　　　　图 1-87　修改图层不透明度

图 1-88　擦除暗纹两侧　　图 1-89　新建图层并创建剪贴蒙版　　　图 1-90　绘制光点效果

> **提　示**
>
> 　　绘制光点时，绘制位置尽量不要与文字或花纹重叠，避免出现混乱的视觉效果。

Step 10 设置"前景色"为 #fffae7，继续使用"画笔工具"在刚才绘制的光点上进行绘制，增加个别光点的明亮度，效果如图 1-91 所示。使用"橡皮擦工具"进一步调整光点效果，使效果更自然，如图 1-92 所示。

图 1-91　增加个别光点的明亮度　　　　　　　　图 1-92　调整光点效果

Step 11 执行"文件"→"存储"命令或按 Ctrl+S 组合键，弹出"另存为"对话框，将文件以"进入游戏按钮 .psd"为名进行保存，如图 1-93 所示。隐藏"背景"图层，按 Ctrl+A 组合键全选对象，如图 1-94 所示。

Step 12 按 Ctrl+Shift+C 组合键合并复制所选内容，按 Ctrl+N 组合键新建文件，弹出"新建文档"对话框，如图 1-95 所示。单击"创建"按钮，按 Ctrl+V 组合键粘贴对象，效果如图 1-96 所示。

图 1-93 存储文件

图 1-94 全选对象

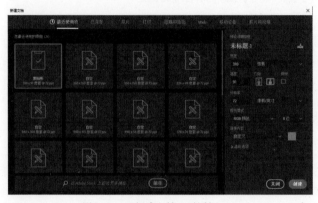

图 1-95 "新建文档"对话框

图 1-96 粘贴对象效果

提 示

执行复制操作后再执行新建命令,默认新建的文档尺寸将与复制区域相等。

Step 13 隐藏"背景"图层,执行"文件"→"存储为"命令,将文件以"开始游戏按钮 .png"为名进行保存,如图 1-97 所示。单击"保存"按钮,再单击"确定"按钮。完成按钮的输出操作,如图 1-98 所示。

图 1-97 "另存为"对话框

图 1-98 存储文件效果

1.4.3　任务评价

完成进入游戏按钮的绘制后，分别从填充、边框、对齐、间距、文字等角度对作品进行评价。具体评价标准如下。

（1）按钮的底色渐变过渡是否自然，边缘描边明暗效果是否合适。

（2）按钮底部高光和花纹与按钮背景是否协调。

（3）按钮上的花纹到按钮四周的间距是否相等。

（4）按钮底部的花纹粗细及间距是否一致。

（5）文字属性设置是否合适，是否能清晰显示。

1.5　任务二　设计制作游戏界面领取按钮

图 1-99　游戏界面领取按钮

本任务将设计制作游戏界面领取按钮，按照实际工作流程分为绘制领取按钮草稿和基础图形、绘制领取按钮装饰花纹和制作并输出按钮的不同状态 3 个步骤，完成后的游戏界面领取按钮效果如图 1-99 所示。

任务目标	理解游戏 Logo 设计思路和要点； 能够区分风格构思和造型构思的设计要点； 掌握使用钢笔工具创建工作路径并描边的技巧； 掌握使用画笔工具绘制图形光影的方法； 弘扬中国传统纹样文化，增强学生文化自信； 培养学生的职业素养和创新精神	
主要技术	选框工具、画笔工具、图层样式、图层蒙版、形状工具、用画笔描边路径、路径操作	
源文件	源文件 \ 项目一 \ 领取按钮 .psd	扫一扫观看演示视频
素材	素材 \ 项目一 \	

1.5.1　任务分析

本任务将制作一个活动界面中的领取按钮，按钮最终效果如图 1-100 所示。领取按钮通常放置在活动界面中的活动详情部分，便于玩家在了解活动后立即点击参与活动。

> **提示**
> 游戏活动界面中的其他元素的设计制作将在本书项目三中详细讲解。

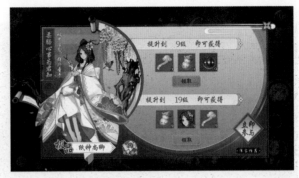

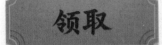

图 1-100 活动界面中的领取按钮

领取游戏按钮采用了内圆角的矩形轮廓，并在按钮内部添加一条轮廓线，用来装饰按钮，同时，为了与进入游戏按钮呼应，在按钮的下方同样添加了花纹装饰，领取按钮草图如图 1-101 所示。使用"钢笔工具"和"椭圆工具"完成按钮元件矩形的绘制，同时为按钮添加投影以增加按钮的立体感，效果如图 1-102 所示。

使用"画笔工具"在按钮顶部涂抹，绘制按钮高光，效果如图 1-103 所示。使用图层样式为椭圆形状添加描边样式，制作按钮底部花纹，效果如图 1-104 所示。

图 1-101 领取按钮草图

图 1-102 增加按钮的立体感

图 1-103 绘制按钮高光

使用"横排文字工具"输入按钮名称，表明按钮的功能，如图 1-105 所示。为了满足按钮的交互功能，修改按钮背景色，制作未激活按钮状态，如图 1-106 所示。

图 1-104 绘制按钮底部花纹

图 1-105 表明按钮功能

图 1-106 制作未激活按钮状态

1.5.2 任务实施

步骤1 绘制领取按钮草稿和基础图形

Step01 启动 Photoshop 软件，执行"文件"→"新建"命令，在弹出的"新建文档"对话框中设置文档的尺寸为 500×200 像素，如图 1-107 所示。使用"前景色"#8d8d8d 填充画布，效果如图 1-108 所示。

Step02 在"图层"面板中新建一个名为"草稿"的图层，使用"画笔工具"在画布中绘制按钮轮廓和花纹草图，如图 1-109 所示。绘制一个矩形，表示按钮文字大致位置，如图 1-110 所示。

Step03 单击工具箱中的"椭圆工具"按钮，在选项栏中选择"形状"绘图模式，参考草稿在画布中绘制一个圆形状，效果如图 1-111 所示。修改图层"不透明度"为 20%，便于观察草稿，效果如图 1-112 所示。

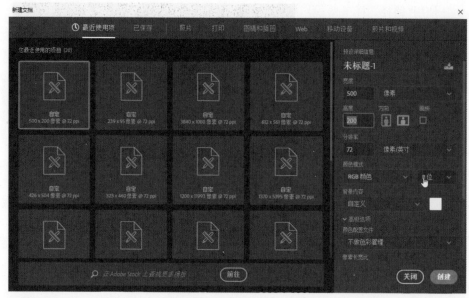

图 1-107 "新建文档"对话框

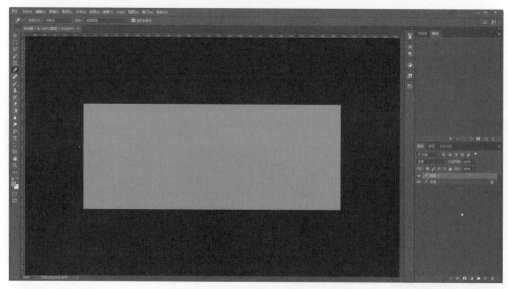

图 1-108 填充画布颜色

图 1-109 绘制按钮草图

图 1-110 绘制矩形

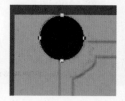
图 1-111 绘制椭圆

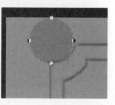
图 1-112 修改图层不透明度

Step04 使用"路径选择工具"选中顶部和左侧的锚点,按 Delete 键删除,效果如图 1-113 所示。按住 Alt 键的同时使用"路径选择工具"拖曳复制图形到按钮右侧。执行"编辑"→"变换路径"→"水平翻转"命令,效果如图 1-114 所示。

Step05 使用"路径选择工具"选中两条路径并向下拖曳复制到按钮的下侧。执行"编辑"→"变换路径"→"垂直翻转"命令，效果如图 1-115 所示。

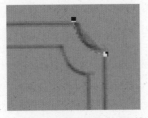

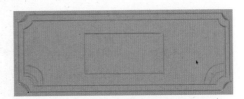

图 1-113　选中并删除锚点　　　　图 1-114　复制路径并水平翻转　　　　图 1-115　复制路径并垂直翻转

Step06 单击工具箱中的"钢笔工具"按钮，按住 Alt 键的同时连续单击左侧如图 1-116 所示的两个锚点。使用相同的方法，连接其他几个锚点，最终效果如图 1-117 所示。

Step07 使用相同的方法绘制按钮内边框路径，如图 1-118 所示。修改图层"不透明度"为 50%，"图层"面板如图 1-119 所示。

Step08 双击"椭圆 2"图层，修改填充颜色为红色，图层"不透明度"为 100%，使用"路径选择工具"拖曳调整边框，使其四边与外边框距离相等，效果如图 1-120 所示。修改两个底框的图层名称为"底框 1"和"底框 2"，如图 1-121 所示。

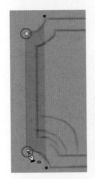

图 1-116　连接锚点　　　　图 1-117　连接其他锚点效果　　　　图 1-118　绘制内边框路径

图 1-119　"图层"面板　　　　图 1-120　调整边框间距　　　　图 1-121　修改图层名称

Step09 双击"底框 1"图层，在弹出的"拾色器"对话框中设置填充色为 #e48555，效果如图 1-122 所示。单击"底框 2"图层前的 ◎ 图标，隐藏图层。为"底框 1"图层添加"内发光"图层样式，"内发光"各项参数设置如图 1-123 所示。

图1-122 修改"底框1"填充颜色

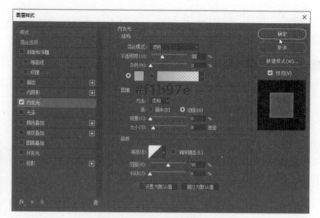

图1-123 "内发光"图层样式参数

Step 10 单击"确定"按钮,底框1"内发光"效果如图1-124所示。继续为"底框1"图层添加"投影"图层样式,"投影"各项参数设置如图1-125所示。

图1-124 "底框1"内发光效果

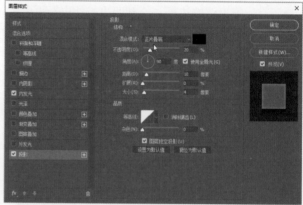

图1-125 "投影"图层样式参数

Step 11 单击"确定"按钮,底框1投影效果如图1-126所示。单击"底框2"图层前的 位置,将"底框2"图层显示出来,为"底框2"图层添加"描边"图层样式,"描边"各项参数设置如图1-127所示。

图1-126 投影样式效果

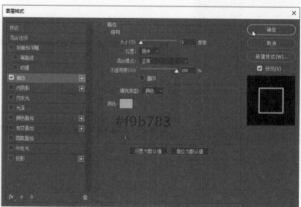

图1-127 "描边"图层样式参数

Step12 单击"确定"按钮,"底框 2"图层描边效果如图 1-128 所示。在"图层"面板中拖曳"草稿"图层到所有图层上方,"图层"面板如图 1-129 所示。

图 1-128 "底框 2"图层描边效果 图 1-129 "图层"面板

步骤2 绘制领取按钮装饰花纹

Step01 参考草稿,使用"椭圆工具"绘制如图 1-130 所示的图形。修改图层不透明度为 30%,图形效果如图 1-131 所示。

图 1-130 绘制圆形图形 图 1-131 修改图层不透明度

Step02 使用"路径选择工具"拖曳调整圆形的位置,使其边框与底框 2 距离相等,如图 1-132 所示。将"椭圆 1"图层拖曳到"图层"面板底部的"创建图层"按钮上,得到"椭圆 1 拷贝"图层,"图层"面板如图 1-133 所示。

Step03 按 Ctrl+T 组合键,拖曳控制点调整圆形大小,如图 1-134 所示。

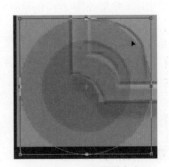

图 1-132 调整图形位置 图 1-133 复制图层 图 1-134 调整图形大小

Step04 修改"椭圆 1"和"椭圆 1 拷贝"图层"不透明度"为 100%,"填充"不透明度为 0%,"图层"面板如图 1-135 所示。为"椭圆 1"图层添加"描边"图层样式,"描边"样式参数如图 1-136 所示。

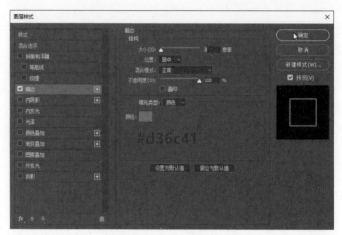

图 1-135　"图层"面板　　　　　　　　　　　图 1-136　"描边"样式参数

Step 05 单击"确定"按钮,描边效果如图 1-137 所示。将光标移动到"椭圆 1"图层上,单击鼠标右键,在弹出的快捷菜单中选择"拷贝图层样式"命令,如图 1-138 所示。

Step 06 单击"椭圆 1 拷贝"图层,在图层上单击鼠标右键,在弹出的快捷菜单中选择"粘贴图层样式"命令,如图 1-139 所示。

图 1-137　描边效果　　　　　图 1-138　拷贝图层样式　　　　图 1-139　粘贴图层样式

Step 07 粘贴图层样式效果如图 1-140 所示。按住 Alt 键的同时,使用"移动工具"向右拖曳复制图形,效果如图 1-141 所示。

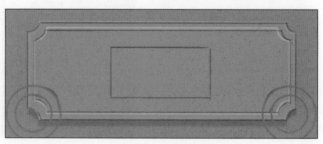

图 1-140　粘贴图层样式效果　　　　　　　　　图 1-141　复制图形效果

Step 08 在"图层"面板中新建一个名为"圆形花纹"的图层组，将 4 个椭圆图层拖曳到图层组中，"图层"面板如图 1-142 所示。

Step 09 按住 Ctrl 键的同时单击"选框 1"图层缩览图，将其选区调出。确定选择"圆形花纹"图层组，单击选项栏中的"水平居中对齐"按钮 ，使用花纹与底框对齐，如图 1-143 所示。按 Ctrl+D 组合键取消选框。

Step 10 将"圆形花纹"图层组拖曳到"底框 2"图层下方，如图 1-144 所示。将"选框 2"的选区调出，确定选择"圆形花纹"图层组，单击"图层"面板底部的"添加图层蒙版"按钮，为图层组添加图层蒙版，效果如图 1-145 所示。

Step 11 在"底框 1"图层上方新建一个名为"高光"的图层，在"高光"图层上单击鼠标右键，在弹出的快捷菜单中选择"创建剪贴蒙版"命令，如图 1-146 所示。"图层"面板如图 1-147 所示。

图 1-142 新建图层组

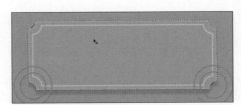

图 1-143 花纹卷与底框对齐

图 1-144 调整图层顺序

图 1-145 创建图层组蒙版效果

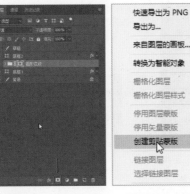

图 1-146 创建剪贴蒙版

图 1-147 "图层"面板

Step 12 设置"前景色"为 #f9b783。单击工具箱中"画笔工具"按钮，在画布中单击鼠标右键，在打开的面板中选择"柔边圆压力不透明度"笔刷，如图 1-148 所示。修改画笔笔刷不透明度为 20%，在底框 1 上方涂抹，绘制效果如图 1-149 所示。

Step 13 修改"高光"图层"不透明度"为 70%，效果如图 1-150 所示。单击工具箱中的"横排文字工具"按钮，在画布中单击并输入文字，效果如图 1-151 所示。

Step 14 在"字符"面板中设置字体各项参数，如图 1-152 所示。按钮文字效果如图 1-153 所示。

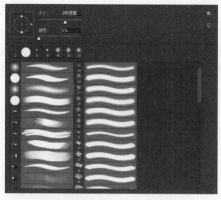

图 1-148　选择画笔笔刷

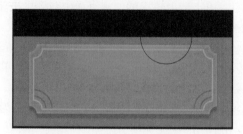

图 1-149　绘制"底框1"高光

图 1-150　修改不透明度

图 1-151　输入按钮文字

图 1-152　"字符"面板

图 1-153　按钮文字效果

提　示

　　为了获得更好的效果，可以采用对齐"圆形花纹"图层组的方法，使按钮文字与底框在水平和垂直方向上对齐。

步骤3　制作并输出按钮的不同状态

Step 01 新建一个名为"领取按钮（激活状态）"的图层组，将相关图层拖曳到新建图层组中，"图层"面板如图 1-154 所示。复制"领取按钮（激活状态）"图层组并修改名称为"领取按钮（非激活状态）"，如图 1-155 所示。

Step 02 隐藏"领取按钮（激活状态）"图层组。双击"底框 1"图层缩览图，在弹出的"拾色器"对话框中设置填充颜色为 #ac9d93，效果如图 1-156 所示。选择"高光"图层，设置"前景色"为 #bfb7ac，使用"画笔工具"重新绘制高光，效果如图 1-157 所示。

图 1-154　新建图层组

图 1-155　复制图层组

图 1-156　修改边框颜色

图 1-157　修改"底框 1"高光

Step03 修改"圆形花纹"图层组中图层"描边"样式中的描边"颜色"为 #7d6e67，效果如图 1-158 所示。修改"底框 2"图层"描边"样式中的描边"颜色"为 #c3bbb0，如图 1-159 所示。

Step04 使用"横排文字工具"双击选中按钮文字，修改文字颜色为 #504541，效果如图 1-160 所示。执行"文件"→"存储"命令，在弹出的对话框中单击"保存"按钮，将文件以"领取按钮 .psd"为名进行保存，如图 1-161 所示。

图 1-158　修改花纹描边颜色

图 1-159　修改"底框 2"描边颜色

图 1-160　修改按钮文字颜色

图 1-161　存储文件

Step05 将"背景"图层隐藏，执行"图像"→"裁切"命令，设置"裁切"对话框各项参数如图 1-162 所示。执行"文件"→"存储为"命令，在弹出的对话框中单击"保存"按钮，将文件以"领取按钮（非激活状态）.png"为名进行保存，如图 1-163 所示。

图 1-162　选择全部

图 1-163　存储为 PNG 副本

Step06 将"领取按钮（激活状态）"图层组显示，在该图层组上单击鼠标右键，在弹出的快捷菜单中选择"快速导出为 PNG"命令，如图 1-164 所示。在弹出的对话框中单击"保存"按钮，将文件以"领取按钮（激活状态）.png"为名进行保存，如图 1-165 所示。

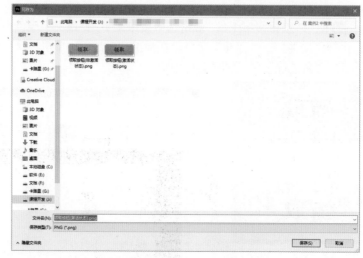

图 1-164　快速导出为 PNG

图 1-165　导出为 PNG 文件

1.5.3　任务评价

（1）按钮的背景颜色是否明确，过渡是否自然。

（2）按钮上四周的花纹距离边界间距是否相同。

（3）按钮下方的花纹颜色是否和谐，间距是否一致。

（4）按钮文字与背景色调是否统一，是否清晰。

（5）激活状态和未激活状态对比是否强烈。

1.6 任务三　设计制作游戏界面葫芦道具图标

本任务将完成游戏界面葫芦道具图标的设计制作，按照实际工作流程分为绘制葫芦道具图标草图并填充底色、绘制葫芦道具图标帽子光影和绘制葫芦道具图标身体光影3个步骤，绘制完成的效果图如图1-166所示。

图 1-166　游戏界面葫芦道具图标

任务目标	了解游戏道具图标的设计流程和方法； 掌握使用画笔工具绘制道具图标的方法； 掌握使用画笔工具绘制图标光影的方法； 掌握游戏道具图标的存储和输出方法； 培养学生的自学能力和自查能力； 培养正确的人生观、价值观、审美观	 扫一扫观看演示视频
主要技术	画笔工具、旋转视图工具、钢笔工具、形状图形、锁定图层、吸管工具、剪贴蒙版	
源文件	源文件＼项目一＼葫芦道具图标 .psd	
素材	素材＼项目一＼	

1.6.1　任务分析

本任务将设计制作一个活动界面中的葫芦道具图标，图标最终效果如图1-167所示。

图 1-167　活动界面中的葫芦道具图标

> **提　示**
>
> 游戏活动界面中的其他元素的设计制作将在本书项目三中详细讲解。

在开始绘制葫芦道具图标前，设计师应先通过互联网或其他渠道获得葫芦图片，并分析葫芦的结构与特点，如图 1-168 所示。

图 1-168　获得并分析葫芦图片

参考葫芦图片，使用"画笔工具"绘制葫芦道具图标的草图，效果如图 1-169 所示。继续使用"画笔工具"为葫芦道具图标填充底色，效果如图 1-170 所示。

使用"画笔工具"绘制葫芦道具图标帽子的光影效果，如图 1-171 所示。继续使用"画笔工具"绘制葫芦道具图标身体的阴影，效果如图 1-172 所示。

继续绘制葫芦道具图标身体的高光，效果如图 1-173 所示。接着绘制葫芦道具图标的反光，效果如图 1-174 所示。

图 1-169　葫芦道具
图标草图

图 1-170　为葫芦道具图
标填充底色

图 1-171　葫芦图标帽子的光影效果

图 1-172　葫芦道具图标
身体的阴影效果

图 1-173　葫芦道具图标的
身体高光效果

图 1-174　葫芦道具图标的
反光效果

1.6.2　任务实施

步骤1　绘制葫芦道具图标草图并填充底色

Step01 启动 Photoshop 软件，执行"文件"→"新建"命令，在弹出的"新建文档"对话框中设置文档的尺寸为 500×500 像素，如图 1-175 所示。使用"前景色"#898989 填充画布，效果如图 1-176 所示。

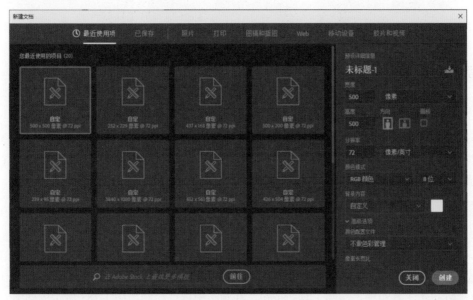

图 1-175　"新建文档"对话框

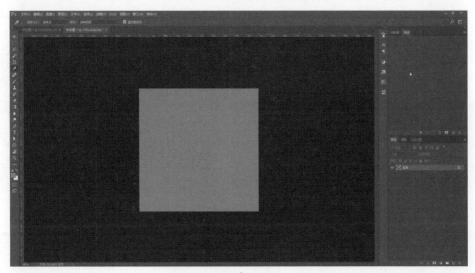

图 1-176　使用前景色填充画布

Step02 新建一个名为"草稿"的图层，使用"画笔工具"绘制葫芦草稿，效果如图 1-177 所示。使用"橡皮擦工具"和"画笔工具"精细调整草稿，效果如图 1-178 所示。

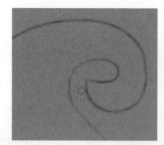

图 1-177　绘制葫芦草稿　　　　　　　　图 1-178　葫芦的精细草图

Step03 单击工具箱中的"钢笔工具"按钮，在选项栏中选择"形状"绘图模式，沿草稿绘制葫芦草帽，如图 1-179 所示。将"草稿"图层隐藏，使用"路径选择工具"和"钢笔工具"调整锚点，使路径更加圆滑，效果如图 1-180 所示。

Step04 修改"形状 1"图层的不透明度为 100% 双击图层缩览图，在弹出的"拾色器"对话框中设置图形填充色为 #74c745，如图 1-181 所示。单击"确定"按钮，图形效果如图 1-182 所示。

Step05 单击工具箱中"椭圆工具"按钮，在画布中拖曳绘制如图 1-183 所示的椭圆。继续参考草稿，使用"椭圆工具"绘制圆形，如图 1-184 所示。

图 1-179　绘制工作路径　　图 1-180　调整优化路径　　　　　图 1-181　设置图形填充色

图 1-182　图形效果　　　　图 1-183　绘制椭圆　　　　图 1-184　再次绘制椭圆

拖曳绘制图形时，按住空格键可任意移动绘制图形的位置。松开空格键，将继续完成图形绘制的操作。

Step06 选中两个椭圆图层，按 Ctrl+E 组合键合并图层，修改图形的"填充色"为 #d5c98c，效果如图 1-185 所示。分布修改图层名称并栅格化为普通图层，"图层"面板如图 1-186 所示。

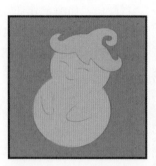

图 1-185　合并图层并修改填充色　　　图 1-186　"图层"面板

步骤2　绘制葫芦道具图标帽子光影

Step01 选中"帽子"图层，单击"图层"面板中的"锁定透明像素"按钮，锁定图层的透明区域，如图 1-187 所示。设置"前景色"为 #d0f05f，使用 30% 不透明度的柔和笔刷在图标左上角位置绘制高光，效果如图 1-188 所示。

图 1-187　锁定透明像素　　　图 1-188　绘制图标高光

由于图标的光线由左上角发出，因此图标左上角的位置应有图标的高光色。绘制过程中可以通过按Ctrl+Z组合键或Ctrl+Alt+Z组合键回退绘制错误。

Step02 设置"前景色"为 #46842e，继续使用"画笔工具"在帽子图形底部涂抹，绘制阴影，效果如图 1-189 所示。

Step03 设置"前景色"为 #1d3c12，继续使用"画笔工具"在远离光源的位置绘制更深一层的阴影，效果如图 1-190 所示。

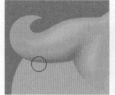

图 1-189　绘制阴影效果

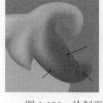

图 1-190　绘制更深一层的阴影

Step04 选中"身体"图层并锁定透明区域，如图 1-191 所示。在"身体"图层上方新建"高光"图层和"阴影"图层，将两个图层与"身体"图层创建剪贴蒙版，"图层"面板如图 1-192 所示。

Step05 将"草稿"图层显示，选择"阴影"图层，设置"前景色"为 #778339，使用"画笔工具"绘制帽子遮挡阴影，效果如图 1-193 所示。继续使用"画笔工具"绘制身体阴影，效果如图 1-194 所示。

图 1-191　锁定透明区域　　图 1-192　新建图层并创建剪贴蒙版

Step06 将画笔"大小"设置为 8，参考草图，绘制眼睛、嘴巴和手，如图 1-195 所示。将"草稿"图层隐藏，使用"吸管工具"吸取固有色，使用"画笔工具"优化绘制效果，如图 1-196 所示。

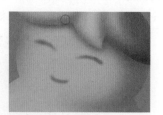

图 1-193　绘制帽子阴影　　图 1-194　绘制身体阴影　　图 1-195　绘制眼睛、嘴巴和手　　图 1-196　优化绘制效果

步骤3　绘制葫芦道具图标身体光影

Step01 将"草稿"图层隐藏，继续使用"画笔工具"优化身体和手的阴影效果，完成效果如图 1-197 所示。选择"高光"图层并拖曳到"阴影"图层下方，设置"前景色"为 #fbf9ec，使用"画笔工具"在脸部、肚子和手部等突出的位置绘制高光，效果如图 1-198 所示。

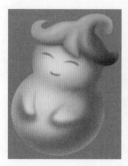

图 1-197　优化身体和手的阴影效果　　　　图 1-198　绘制高光

Step 02 选择"阴影"图层，使用"画笔工具"进一步丰富阴影效果，如图 1-199 所示。在"身体"图层上方新建一个名为"反光"的图层，并与"身体"图层创建剪贴蒙版，"图层"面板如图 1-200 所示。

Step 03 设置"前景色"为#908a9a，使用"画笔工具"在图标右下角绘制反光，效果如图 1-201 所示。选择"帽子"图层，在其上方新建一个名为"反光"的图层并创建剪贴蒙版，"图层"面板如图 1-202 所示。

  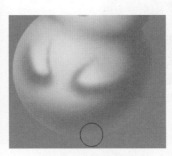 

图 1-199　丰富阴影效果　图 1-200　新建图层并创建 剪贴蒙版　　　　　　图 1-201　绘制反光　　　　图 1-202　"图层"面板

Step 04 设置"前景色"为#6d8091，使用"画笔工具"在帽子右侧绘制反光，效果如图 1-203 所示。设置"前景色"为#6d8091，使用"画笔工具"强调反光，效果如图 1-204 所示。

Step 05 新建一个名为"葫芦图标"的图层组，将所有相关图层拖曳到新创建的图层组中，"图层"面板如图 1-205 所示。为图层组添加"外发光"图层样式，设置"外发光"样式各项参数如图 1-206 所示。

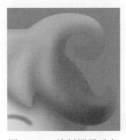 

图 1-203　绘制帽子反光　　图 1-204　强调反光

 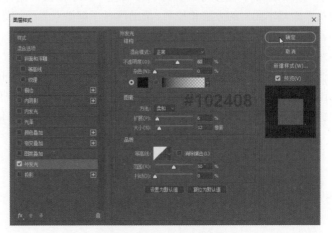

图 1-205　"图层"面板　　　　　　图 1-206　外发光样式参数

Step 06 单击"确定"按钮，外发光效果如图 1-207 所示。按 Ctrl+S 组合键，将文件以"葫

芦图标 .psd" 为名进行存储。

Step 07 在"葫芦图标"图层组上单击鼠标右键，在弹出的快捷菜单中选择"快速导出为 PNG"命令，将文件导出为"葫芦图标 .png"文件，如图 1-208 所示。

图 1-207 外发光效果

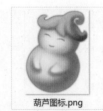 

图 1-208 存储并导出图标

1.6.3 任务评价

（1）图标的造型是否符合葫芦的特点。
（2）图标的颜色搭配是否合理，过渡是否自然。
（3）葫芦帽子的高光与阴影的过渡是否自然。
（4）葫芦身子的高光与阴影的层次是否丰富。
（5）葫芦的反光效果是否协调，位置是否正确。

1.7 项目小结

本项目通过 3 个任务完成了游戏界面基本元素的设计制作，详细讲解了使用 Photoshop 绘制游戏界面基本元素的方法和技巧，帮助读者了解游戏界面按钮和图标的设计制作规范的同时，使读者掌握输出和存储按钮、图标的要点。通过本项目的学习，读者应掌握设计制作游戏界面基本元素的流程和方法，以及输出的方法和技巧。

通过完成本项目游戏界面基本元素的学习，依据专业课程的特点采取了恰当的方式自然地融入国风花纹、轮廓造型和传统文化，注重挖掘其中的思政教育要素，培养读者的自我学习能力，引导读者自觉传承和弘扬中华优秀传统艺术，增强文化自信。

1.8 课后测试

完成本项目学习后，接下来通过几道课后测试题，检验一下对"设计制作游戏界面基本元素"的学习效果，同时加深对所学知识的理解。

1.8.1 选择题

在下面的选项中，只有一个是正确答案，请将其选出来并填入括号内。

1）游戏 UI 设计属于（　　）的范畴。

A. UE 设计　　　　　B. ID 设计　　　　　　C. IE 设计　　　　　　D. GUI 设计

2）（　　）开始前应该对测试的细节进行清楚的分析描述。

A. 需求阶段　　　　B. 分析设计阶段　　　C. 调研验证阶段　　　D. 方案改进阶段

3）对于移动设备上的游戏来说，为了获得更好的显示效果，需要制作不同（　　）的美术资源。

A. 配色　　　　　　B. 分辨率　　　　　　C. 字体　　　　　　　D. 格式

4）在设计游戏按钮时，为了获得更好的视觉效果，文字书写区域的高度约等于按钮高度的（　　）。

A. 二分之一　　　B. 三分之一　　　　C. 四分之一　　　　D. 以上都可以

5）在绘制精细草稿时，如果绘制线条不太顺手，可以使用（　　）旋转绘制视图，以方便不同角度线条的绘制。

A. 旋转工具　　　B. 移动工具　　　　C. 旋转视图工具　　　D. 抓手工具

1.8.2 判断题

判断下列各项叙述是否正确，对，打"√"；错，打"×"。

1）判断一款界面设计的好坏，是由领导和项目成员决定的，不是由一个用户或用户群体说了算的。（　　）

2）改正以后的 UI 设计方案就可以推向市场了，但是设计并没有结束，设计者还需要用户反馈。（　　）

3）游戏 UI 设计在操作上的难易程度尽量不要超出大部分游戏玩家的认知范围，并且要考虑大部分游戏玩家在与游戏互动时的习惯。（　　）

4）使用画笔工具绘制按钮背景花纹时，绘制的线条可以具有不同的粗细，且线条间的间距可随意设定。（　　）

5）使用形状工具拖曳绘制图形时，按住空格键可任意移动绘制图形的位置。松开空格键，将继续完成图形绘制的操作。（　　）

1.8.3 创新题

使用本项目所学的内容，读者充分发挥自己的想象力和创作力，参考如图 1-209 所示的古风游戏按钮，设计制作出一系列游戏按钮，要确保按钮的风格保持一致，同时，做好资源整合和输出的工作。

图 1-209　古风游戏按钮

项目二
设计制作游戏开始界面

本项目将完成游戏开始界面的设计制作。通过完成游戏开始界面的设计制作，帮助读者掌握游戏界面设计中开始界面的设计方法和技巧。项目按照游戏界面设计实际工作流程，依次完成"设计制作开始界面选择服务器框""设计制作游戏 Logo 标题文字和背景"和"设计制作辅助按钮和资源整合输出" 3 个任务，最终的完成效果如图 2-1 所示。

图 2-1　游戏开始界面效果

根据研发组的要求，下发设计工作单，对界面设计注意事项、制作规范和输出规范等制作项目提出详细的制作要求。设计人员根据工作单要求在规定的时间内设计制作游戏开始界面，工作单内容如表 2-1 所示。

表 2-1　某游戏公司游戏 UI 设计工作单

工作单						
项目名	设计制作游戏开始界面				供应商	
分类	任务名称	开始日期	提交日期	底框	操作按钮	整合输出	工时小计
UI	开始界面			2 天	2 天	1 天	
注意事项	界面尺寸为 1920×1080 像素，以适合主流移动设备的尺寸						
制作规范	内容	大小（像素）	颜色	位置	设计效果		
	游戏 Logo	760×370	紫色浅黄色	开始界面上方最醒目的位置	Logo 造型符合游戏"国风卡通"的特点，Logo 文字清晰明了、容易辨认，造型华丽、引人醒目		
	选择服务器框	500×80	浅黄色	Logo 下方	造型唯美精致，与 Logo 及开始画面搭配协调		
	进入游戏按钮	320×100	浅红色	选择服务器按钮下方	造型唯美华丽，与 Logo 及开始画面搭配协调，醒目、存在感强，能快速吸引玩家注意		
	5 个辅助按钮	120×120	深棕色	开始界面左右两侧	不过分突出，但又能让玩家清晰辨认并快速点击		
输出规范	各元素 PSD 源文件各一张。各元素 PNG 效果图各一张。开始界面效果图 PSD 源文件一张和 JPG 效果图一张						

2.1 开始界面的组成元素

开始界面是玩家点击手机桌面上的游戏 App 图标，开始游戏后，游戏展示在玩家面前的第一个与游戏相关的页面。开始界面能够起到展示游戏名称、展示游戏形象、进行服务器选择、展示游戏信息和提示健康游戏的作用。

图 2-2 所示为一款游戏的开始界面。醒目的文字和一个卡通形象组成了游戏的 Logo，玩家可以第一时间看到游戏 Logo 并了解游戏的名称。Logo 的下方通常会放置选择服务器框，方便玩家选择不同的服务器进行游戏。"开始"按钮通常会放置在选择服务器框下方，该界面由于选择服务器框下方没有足够的空间，因此将菱形的"开始"按钮放置在界面右下角位置。公告、扫码、联系客服和帮助等辅助按钮被放置在右侧空旷的天空位置。界面最下方通常会放置一些提示健康游戏、标注游戏开发商和展示游戏版本等辅助信息。

图 2-2 某款游戏的开始界面

提 示

为了让玩家从杂乱的手机桌面过渡到游戏当中，获得沉浸的游戏体验。游戏设计者一般都会提供一个比较华丽、漂亮、炫酷的游戏开始界面。

图 2-3 所示为一款游戏的开始界面。虽然游戏内容不同，但开始界面中的基本元素却大致相同。无论开始界面采用哪种布局方式，界面中都需要包括游戏的名称、进入游戏按钮、辅助信息按钮和健康游戏提示信息等内容。

图 2-3 具有相同元素的游戏开始界面

2.1.1 游戏名称

游戏名称通常放置在游戏开始界面中最醒目的中心位置，让玩家可以非常直观地了解游戏的名字，快速给玩家留下印象。出于营销目的，一些具有高知名度的大制作游戏，并不会将游戏名称放置在开始界面中，从而已达到增加神秘感或配合营销的目的。

2.1.2 进入游戏按钮

进入游戏按钮是游戏开始界面中的必备内容，包括选择登录按钮、选择服务器按钮和开始游戏按钮。玩家浏览到开始界面后，如果被游戏吸引，就可以通过点击该按钮，快速进入游戏。

2.1.3 辅助信息按钮

辅助信息按钮一般会放置在开始界面的左右两侧，包括公告、客服、设置和扫一扫等功能。通过点击这些按钮，可以帮助玩家了解游戏的各种信息。

2.1.4 健康游戏提示

健康游戏提示一般包括游戏版权信息和游戏健康提示两部分内容。通常放置在游戏开始界面底部的中心位置，有些也会被放置在顶部中心位置。用来提醒玩家合理分配时间、有节制地、高效地进行游戏。

如图 2-4 所示的这款游戏，在开始界面的顶部，非常醒目地放置游戏 Logo，游戏 Logo 下方放置的是"选择服务器框"。"开始按钮"放置在界面的右下角位置，方便玩家点击。左上角画面比较空的位置，放置了"切换账户"和"客服"辅助按钮。提示健康游戏信息依然放置在界面的底部。

图 2-4　游戏开始界面

2.2　游戏 Logo 设计思路

游戏Logo设计思路包括游戏Logo的风格构思和游戏Logo的造型构思。下面逐一进行讲解。

2.2.1 Logo 的风格构思

设计游戏 Logo 通常要结合游戏世界观、游戏角色和场景风格，以及游戏 UI 风格 3 个思路进行构思，如图 2-5 所示。

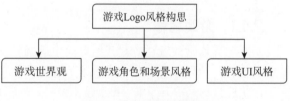

图 2-5　游戏 Logo 风格构思

1. 结合游戏世界观

游戏通常都会有一个时代和故事背景。早在游戏立项时，就由策划团队传达给了美术团队。故事背景包括地域背景和时代背景，不同的地域背景和时代背景，都有相应的美术偏好，UI设计师可以根据不同的游戏背景和美术偏好选择合适的游戏Logo风格。

> **提 示**
>
> 游戏是在东亚大陆发生的，还是在西欧大陆发生的，或者是在外星球发生的，这些就是地域背景。古代、现代或者未来则属于时代背景。

2. 结合游戏角色和场景风格

设计师可以将游戏的故事背景具象成具体的人物原画、场景概念图或者已经完成建模的场景、角色或游戏画面等。UI设计师可以根据这些游戏画面，设计出与游戏画面搭配协调的游戏Logo风格。

3. 结合游戏UI风格

分析UI设计师设计出的UI的初稿，参考游戏UI的配色、造型和装饰物等美术风格，设计出与UI初稿风格一致的游戏Logo方案。

图2-6所示为《梦幻诛仙》的游戏界面。这款游戏角色造型夸张，属于卡通风格的游戏。界面中的图标色彩鲜艳、造型可爱，属于夸张的卡通风格，与游戏界面风格高度一致。

图2-6 《梦幻诛仙》游戏界面

图2-7所示为游戏界面中的老人角色，造型设计依然卡通，可爱。右上角的关闭按钮边框圆润并带有透明感，与界面边框风格统一。在如图2-8所示的小弹窗中的人物角色，同样采用了Q版的卡通风格，与游戏中的其他界面保持一致的风格。

> **提 示**
>
> 由于该游戏的目标用户群为喜欢大胆创新的年轻人，因此在设计游戏Logo时，要体现年轻人可爱、活泼的特点。

通过上述分析，可以确定《梦幻诛仙》游戏的Logo将采用卡通的、可爱的、立体的设计风格，如图2-9所示。同时在Logo中加入铃铛、云彩等装饰物，与游戏界面风格保持一致的同时，更能吸引玩家的注意、引起玩家的共鸣。

图2-10所示为《旧日传说》的游戏开始界面。游戏Logo没有立体感，采用浅灰色和浅蓝色的扁平风格。游戏标题文字带有卷曲效果，笔画边缘带有一些破碎感。与游戏背景破碎、黑暗、压抑的画面协调一致。

图 2-7　老人角色风格

图 2-8　弹窗人物角色风格

图 2-9　《梦幻诛仙》游戏 Logo

图 2-10　《旧日传说》开始界面

《旧日传说》游戏 Logo 的风格来源于游戏画面和一些游戏资料。图 2-11 所示的弹窗界面设计别具一格，与众不同。人物角色造型扭曲、夸张，略带一些棱角；文字效果比较"硬朗"，也进行了卷曲设计，边角像玫瑰刺一样。这种效果是整个游戏界面中文字的特色，也体现在游戏 Logo 的文字上。

这款游戏的画面比较灰暗，界面的整体色调使用了偏蓝的灰色，视觉上给人以压抑的感觉，如图 2-12 所示。

图 2-11　游戏人物角色造型和文字效果

图 2-12　游戏界面视觉效果

为了在深蓝背景上显得比较突出，游戏界面中的图标使用了浅蓝色。图标的造型设计也比较夸张，扭曲且边缘带有毛刺。文字的造型像荆棘条，卷曲、有棱角。在画面中搭配一些醒目的红色、浅金色，用来强调重要的内容，如图 2-13 所示。

图 2-13 游戏界面中的图标

2.2.2 Logo 的造型构思

游戏 Logo 的造型包括文字造型和装饰物造型两部分。

1. 文字造型的选取和设计

文字造型是指设计师根据游戏的背景和画面选用合适的字体，然后再根据游戏的色调设计
Logo 的颜色和质感。

每一种字体，都有其风格和特色。以黑体为例，字形比较方正、端庄；行书字体就比较飘
逸、自由，如图 2-14 所示。设计师要根据游戏的风格、角色和场景，选择搭配风格一致的字体。

图 2-15 所示为游戏《我的起源》的活动界面。该游戏的故事背景发生在外星球，是一款
偏科幻的卡通风格游戏。无论是游戏的角色造型，还是游戏场景、道具，都有别于现实生活，
带有科幻感、未来感。

图 2-14 不同字体的风格

图 2-15 游戏活动 UI 效果

同样，游戏其他界面的背景、场景和设备等呈现出如图 2-16 所示的蓝色调。

图 2-16 游戏的其他界面

因此，设计师在设计游戏 Logo 时，一定不能设计成传统的、古典的效果，而要往科幻、

图 2-17　游戏 Logo

科技、未来方向上去想。同时，Logo 的颜色也要与游戏界面色调保持一致。

设计师选择了一种硬朗的、比较现代的粗黑字作为标题文字，并且为其设计了一种偏科幻的造型。同时还将类似发动机喷口装备融入 Logo 中，得到了与游戏风格一致的 Logo，如图 2-17 所示。

2. 装饰物造型的选取和设计

游戏 Logo 的后面通常会设计一些装饰物。这些装饰物最好从游戏内部选取，如游戏的特色元素、特有装饰物、吉祥物和独有符号等，选取与 Logo 文字搭配的装饰物造型并赋予其色彩和质感。

图 2-18 所示为《神雕侠侣 2》的游戏界面。界面中的人物采用了 5 ～ 6 头身的造型，这是一种半卡通的人物形象。图 2-19 所示的界面中的动物造型选择了 Q 版的造型，非常可爱、非常萌。

图 2-18　5 ～ 6 头身人物角色

图 2-19　Q 版动物造型

图 2-20 所示的弹窗界面左下角的小鸟造型，是游戏中独有的吉祥物，将其加入游戏 Logo 中，能够很好地体现游戏风格，引导玩家关注游戏。

设计师在设计游戏 Logo 时，参考了游戏中的游戏造型，采取了一种比较自由又带有卡通风格的偏卡通行书作为 Logo 的文字。同时将游戏中最具有代表性的卡通形象组合进来，增强游戏 Logo 的感染力和吸引力，如图 2-21 所示。

图 2-20　游戏中的吉祥物

图 2-21　使用装饰物的 Logo

2.3　开始界面的设计思路

开始界面的设计思路是围绕开始界面的作用展开的。因此，在学习界面设计思路前，先了解一下开始界面的作用。对于整个游戏来说，开始界面具有展示游戏名称、展示游戏形象和提供进入游戏途径的作用。

2.3.1 展示游戏名称

设计师通过为游戏设计一个华丽美观的游戏Logo，并将Logo放置在界面最醒目、最重要的位置，让玩家更直观地了解游戏的名字。

游戏名称通常不是简单地输入文字即可，图2-22所示的游戏Logo都是经过精细设计得来的。

图 2-22 经过精细设计的 Logo

> **提 示**
>
> 一个漂亮Logo能够让玩家更好地了解游戏，并产生好的第一印象，因此，设计制作游戏Logo是设计开始界面中最重要的工作。

2.3.2 展示游戏形象

无论是使用漂亮、酷炫的动画背景，还是静态、华丽的原画背景，设计师都会把游戏最有特色、最具代表性的内容展示在开始界面中，从而达到炫技和吸引玩家注意的目的。

展示游戏形象是由游戏原画设计师和游戏UI设计师共同完成的。原画设计师首先绘制非常精美、炫酷、漂亮，能吸引玩家注意的原画作为游戏开始界面的背景，再由游戏UI设计师根据原画、游戏内容和风格设计出精美的游戏Logo等内容。将这些内容结合在一起，完成精美的游戏开始界面的设计，让玩家对游戏产生良好的第一印象。

图2-23所示为一款精美的游戏开始界面。游戏UI元素与游戏原画完美地结合在一起，把一幅完整、漂亮、和谐的画面呈现在玩家面前，得到更好的展示效果。

图 2-23 开始界面原画与 UI 的结合

2.3.3 提供进入游戏的途径

通过游戏Logo和原画吸引玩家的最终目的，是希望玩家留下来并进入游戏，因此开始界面中要提供一些实用的与游戏功能相关的选项，当玩家对游戏产生兴趣时，能够立即点击进入游戏。比如开始游戏按钮和选择服务器框，如图2-24所示。

此外，开始界面中还会为玩家提供一些辅助功能按钮，帮助玩家完成查看游戏公告、寻求客服帮助或者进行游戏设置，增加玩家的游戏体验。

图2-25所示为游戏《笑傲江湖》的开始界面。界面中选用了一幅精美的水墨风格原画作为背景，原画设计师在原画的右侧留出一个区域，方便游戏UI设计师放置游戏Logo。

UI设计师根据原画的风格，在右侧设计了水墨风格的游戏Logo。选择服务器框紧跟游戏Logo，采用竖排的方式，放置在游戏Logo的右侧。为了迎合游戏的氛围，UI设计师将"进入游戏"按钮改成了"进入江湖",水墨风格的文字和倒影,很好地与原画融合。辅助按钮被放置在界面左侧较空的位置。版号、健康游戏提示和开发、出版单位等信息一般不会被玩家关注,所以选用了较小的字号并放置在界面底部。

图 2-24 开始界面进入游戏的途径

图 2-25 《笑傲江湖》游戏开始界面

图 2-26 所示为游戏《诛仙》的开始界面。该界面采用了蓝色和浅棕色的色调。整个界面呈现出精美的工笔画风格,给人以古典、梦幻的视觉感受。

原画设计师将原画正中心位置空出来,专门用来放置游戏 Logo。UI 设计师配合原画设计师设计出一款深棕色的游戏 Logo。选择服务器框和进入游戏按钮在游戏 Logo 的下面,为了配合整个界面的色调和花纹风格,采用了具有中国古典风格的纹理制作选择服务器框。界面右侧的功能辅助按钮的色调与选择服务器框保持一致,同样采用了中国古典设计风格。不重要、但必须有的健康游戏提示等信息被放置在界面的顶部。

图 2-27 所示为游戏《烈火如歌》的开始界面。界面的中心位置和视觉中心在月亮的位置,因此,设计师把游戏 Logo 放置在月亮的下方,能够快速引起玩家的注意。

图 2-26 《诛仙》游戏开始界面

图 2-27 《烈火如歌》游戏开始界面

游戏 Logo 的左侧放置选择服务器框。界面中间底部是游戏重要的人物,因此将进入游戏按钮放置在界面的右侧,同时采用了与原画色调互补的颜色,使进入游戏按钮更加明显,便于玩家很快看到并点击。在左下角比较空的位置放置辅助功能按钮。版权信息和健康游戏提示被分成了两部分,分别放置在界面顶部正中心和界面底部正中心。

项目实施

本项目讲解设计制作游戏开始界面的相关知识内容,主要包括"设计制作开始界面选择服务器框""设计制作游戏 Logo 标题文字和背景"和"设计制作辅助按钮和资源整合"3 个任务,项目实施内容与操作步骤如图 2-28 所示。

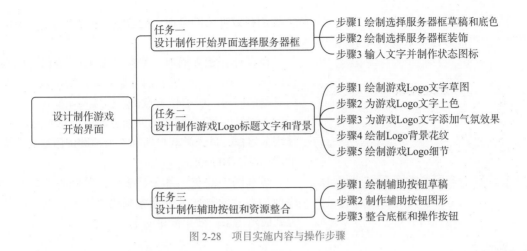

图 2-28 项目实施内容与操作步骤

2.4 任务一 设计制作开始界面选择服务器框

本任务使用 Photoshop CC 2021 软件完成游戏开始界面中选择服务器框的设计制作。按照实际工作中的制作流程,制作过程分为绘制选择服务器框草稿和底色、绘制选择服务器框装饰和输入文字并制作状态图标 3 个步骤,制作完成的选择服务器框效果如图 2-29 所示。

图 2-29 选择服务器框效果

任务目标	理解并熟记开始界面的组成元素; 熟记选择服务器框的应用场景; 掌握使用画笔工具绘制草图和线稿的方法; 掌握使用形状工具创建和编辑图形的方法; 具有在因特网中查找资料的能力; 弘扬中国传统纹样艺术,增强文化自信	
主要技术	画笔工具、图层样式、形状工具、"图层"面板、剪贴蒙版、移动工具、横排文字工具	扫一扫观看演示视频
源文件	源文件 \ 项目二 \ 选择服务器框 .psd	
素材	素材 \ 项目二 \	

2.4.1 任务分析

《云梦四时歌》是一款国风卡通风格手游。设计师用唯美的原画、精致而不失活泼的 UI 和有趣的剧情,向玩家展示了一个玄幻的以中国文化为主体、以唐朝为时代背景的新唐风手游。游戏的 UI 以暗紫色和浅金色为主色调,界面中采用了很多中国古典元素,带有浓厚的中国风。

本项目将完成《云梦四时歌》开始界面的设计制作。开始界面是玩家第一次进入游戏时面对的界面，对画面的要求非常高。设计师需要用精致唯美的画面，配合设计精美的Logo及清晰明了的功能按钮，来吸引玩家点击进入游戏。

图2-30　《云梦四时歌》游戏开始界面线框图

在设计开始界面时，必须让Logo、按钮、原画协调统一，组成一个完整的开始界面，给玩家"美"的享受的同时，吸引玩家点击，引导玩家操作。

《云梦四时歌》游戏的开始界面由游戏Logo、选择服务器框、进入游戏按钮和5个辅助按钮组成，线框图如图2-30所示。

线框图中的灰色部分代表《云梦四时歌》开始界面的游戏原画，其他元素采用"矩形＋文字"的方式展示出来，效果简单明了。

> **提　示**
>
> 此处线框图中各元素摆放的位置只是一个参考。并不是要求UI设计师必须按照线框图中元素的位置进行设计。UI设计师可以根据原画背景的效果，重新定义各元素的位置。

游戏上线后为了将玩家分流，避免服务器拥堵，会开辟多个服务器供玩家选择，在第一次进入游戏时，必须点击"选择服务器"按钮选择相应的服务器，再点击"进入游戏"按钮，才能进入游戏。

2.4.2　任务实施

步骤1　绘制选择服务器框草稿和底色

Step01 启动Photoshop软件，执行"文件"→"新建"命令，在弹出的"新建文档"对话框中设置文档的尺寸为500×100像素，如图2-31所示。单击"创建"按钮，按Ctrl+0组合键，新建文档效果如图2-32所示。

图2-31　新建文档

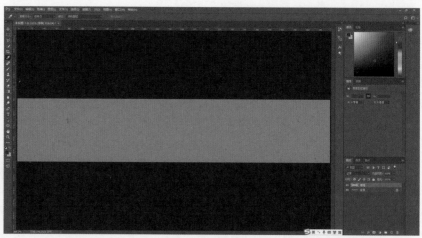

图2-32　新建文档效果

Step02 新建一个名为"草稿"的图层，按B键，设置前景色为白色，选择"硬边圆压力大小"笔刷，设置"大小"为2像素，使用"画笔工具"绘制按钮草图，如图2-33所示。

Step03 按E键，使用"橡皮擦工具"修饰草稿绘制效果，如图2-34所示。

Step04 继续使用"画笔工具"和"橡皮擦工具"设计按钮的具体形状，完成效果如图 2-35 所示。继续使用"画笔工具"设计制作按钮四周的边框，效果如图 2-36 所示。

图 2-33 使用"画笔工具"绘制草稿　　图 2-34 修饰草稿效果　　图 2-35 设计按钮具体形状

图 2-36 设计按钮四周的边框

提 示

绘制草稿时，也要注意绘制的内容左右对称、上下对称。

Step05 继续使用"画笔工具"绘制圆形或方形线框，将按钮内容的大致位置确定下来，如图 2-37 所示。

Step06 单击工具箱中的"椭圆工具"按钮，在选项栏中选择"形状"绘图模式，在画布中沿草稿绘制一个正圆形，如图 2-38 所示。使用"直接选择工具"拖曳选中路径锚点并按 Delete 键，效果如图 2-39 所示。

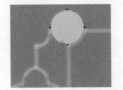
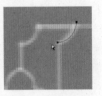

图 2-37 确定按钮内容的位置　　　　图 2-38 绘制正圆形路径　　图 2-39 删除路径

提 示

为了便于观察绘制图形与草稿是否对齐，可在"图层"面板中暂时降低绘制图形的不透明度。绘制完成后，再恢复图形的不透明度。

Step07 按住 Alt+Shift 组合键的同时，使用"路径选择工具"向下拖曳复制并垂直翻转路径，移动到如图 2-40 所示的位置。

Step08 按 P 键，将鼠标移动到顶部圆弧路径下方的锚点上，按住 Alt 键并单击后，再将鼠标移动到底部复制圆弧上方的锚点上，按住 Alt 键的同时单击连接两个锚点，如图 2-41 所示。

Step09 继续使用相同的方法复制形状路径并连接，完成效果如图 2-42 所示。

图 2-40 复制形状路径　　　图 2-41 连接锚点　　　　图 2-42 绘制完成的图形效果

Step10 将"草稿"图层隐藏。选择"选择服务器框"图层，为其添加"渐变叠加"图层样式，在弹出的"图层样式"对话框中设置"渐变叠加"参数，如图 2-43 所示。单击"确定"按钮，图形效果如图 2-44 所示。

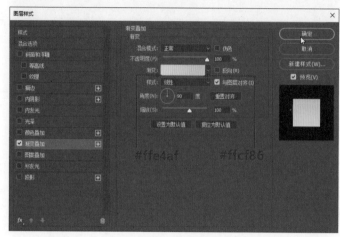

图 2-43　"渐变叠加"样式参数

图 2-44　渐变叠加图层样式效果

Step11 设置"前景色"为 #b15221，为"选择服务器框"添加"内发光"图层样式，设置"内发光"图层样式各项参数如图 2-45 所示。单击"确定"按钮，效果如图 2-46 所示。

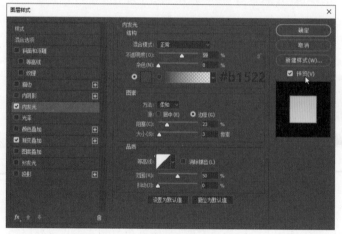

图 2-45　内发光图层样式参数

图 2-46　内发光效果

步骤2　绘制选择服务器框装饰

Step01 新建一个名为"边框图案"的图层，继续使用"椭圆工具"和"钢笔工具"沿草稿绘制边框路径，如图 2-47 所示。选择"边框图案"图层，使用"画笔工具"描边路径，效果如图 2-48 所示。

Step02 按 Ctrl+R 组合键显示标尺，将鼠标移动到标尺上，按住鼠标左键并拖曳，分别拖出垂直和水平参考线，如图 2-49 所示。使用"钢笔工具"沿草稿绘制花瓣形状图形，如图 2-50 所示。

Step03 按住 Alt 键的同时，使用"路径选择工具"水平拖曳复制并水平翻转形状，得到如图 2-51 所示的图形。使用"钢笔工具"连接两段形状路径，效果如图 2-52 所示。

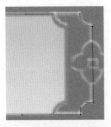  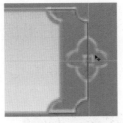 

图 2-47　绘制边框路径　　图 2-48　描边路径效果　　图 2-49　拖出参考线　　图 2-50　绘制花瓣形状图形

Step04 按 Ctrl+C 组合键复制形状，再按 Ctrl+V 组合键粘贴形状。按 Ctrl+T 组合键自由变换形状，将形状旋转 90°，调整到如图 2-53 所示的位置。使用"钢笔工具"连接两个锚点，如图 2-54 所示。

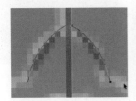  

图 2-51　拖曳复制形状　　　图 2-52　连接形状路径　　　图 2-53　旋转形状　　图 2-54　连接形状锚点

Step05 继续使用相同的方法，完成花朵形状图形的制作，效果如图 2-55 所示。使用"矩形工具"在花朵中心绘制一个矩形，如图 2-56 所示。

Step06 使用"路径选择工具"拖曳选中花朵形状和矩形形状，单击选项栏中的"路径操作"按钮，在打开的下拉列表框中选择"排除重叠形状"选项，如图 2-57 所示。排除重叠形状效果如图 2-58 所示。

 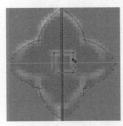  

图 2-55　花朵形状图形　　图 2-56　绘制矩形形状　　图 2-57　路径操作　　图 2-58　排除重叠形状效果

Step07 修改"形状 1"图层的名称为"花朵图案"，如图 2-59 所示。双击"花朵图案"图层缩览图，在弹出的"拾色器（纯色）"对话框中设置参数，如图 2-60 所示。花朵填充效果如图 2-61 所示。

  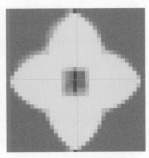

图 2-59　修改图层名称　　　　图 2-60　设置填充颜色　　　　图 2-61　花朵填充效果

Step08 单击"选择服务器框"图层右侧 fx 图标右侧的 v 图标，此时的"图层"面板如图 2-62 所示。将鼠标移动到"内发光"图层样式上，按住 Alt 键的同时向上拖动到"花朵图案"图层上，如图 2-63 所示。

Step09 为花朵形状应用"内发光"图层样式，效果如图 2-64 所示。此时的"图层"面板如图 2-65 所示。

  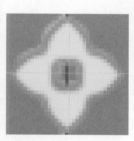 

图 2-62 　"图层"面板 　　　图 2-63 　拖曳复制样式 　　　图 2-64 　内发光效果 　　　图 2-65 　"图层"面板

Step10 为"花朵图案"图层添加"投影"图层样式，在弹出的"图层样式"对话框中设置"投影"参数，如图 2-66 所示。单击"确定"按钮，投影效果如图 2-67 所示。

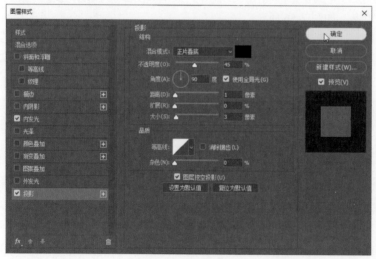

图 2-66 　设置投影参数 　　　　　　　　　　　　　　　　　图 2-67 　投影效果

Step11 按 Ctrl+; 组合键隐藏参考线。按住 Alt 键的同时将"花朵图案"图层的"投影"样式拖曳到"边框图案"图层上，复制"投影"样式，如图 2-68 所示。

Step12 同时选中"花朵图案"图层和"边框图案"图层，向左拖曳复制并水平翻转，调整到如图 2-69 所示的位置。在"图层"面板中将复制的两个图层移动到"选择服务器框"图层下方，如图 2-70 所示。

Step13 按 Ctrl+1 组合键，100% 显示图像，完成左右花纹的设计制作，效果如图 2-71 所示。

Step14 将素材图片"海浪图案 .jpg"打开，效果如图 2-72 所示。将其复制并粘贴到按钮文件中，并修改图层名为"海浪图案"，如图 2-73 所示。

图 2-68　拖曳复制图层样式

图 2-69　调整复制对象位置

图 2-70　移动图层位置

图 2-71　左右花纹效果

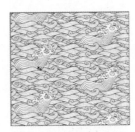

图 2-72　打开素材图片

图 2-73　修改图层名称

Step 15 在图层上单击鼠标右键，在弹出的快捷菜单中选择"转换为智能对象"命令，如图 2-74 所示。按 Ctrl+T 组合键自由变换图片，如图 2-75 所示。

Step 16 双击确认变换。在"图层"面板中，将"海浪图案"图层拖曳到"选择服务器框"图层上方并创建剪贴蒙版，如图 2-76 所示。剪贴蒙版效果如图 2-77 所示。

图 2-74　转换为智能对象

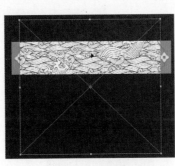

图 2-75　自由变换图片

图 2-76　创建剪贴蒙版

提　示

制作剪贴蒙版后，如果海浪图片没有正确显示，可以双击图层，在"图层样式"对话框中选择"将内部效果混合成组"复选框，取消选择"将剪贴图层混合成组"复选框即可。

Step 17 修改"海浪图案"图层的混合模式为"叠加"，图层"不透明度"为 18%，如图 2-78

所示，效果如图2-79所示。

图2-77　剪贴蒙版效果　　　　图2-78　设置图层混合模式　　　　图2-79　图案混合模式效果

技　巧

在选择混合模式时，可以先任选一种模式，然后通过按键盘上的上下方向键，快速转换到另一种模式，查看哪种混合模式符合要求。

Step 18 新建一个名为"选择服务器底框"的图层组，将所有与选择服务器底框有关的图层拖入其中，如图2-80所示。将"前景色"设置为黑色，将"草稿"图层显示，按Shift+Alt+Backspace组合键，使用前景色填充，草图效果如图2-81所示。

图2-80　新建图层组

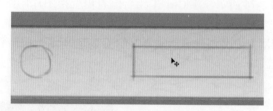

图2-81　修改草稿颜色

步骤3　输入文字并制作状态图标

Step 01 使用"横排文字工具"在画布中单击并输入文本，如图2-82所示。在"字符"面板中设置文本的各项参数，如图2-83所示。设置完成后的文本效果如图2-84所示。

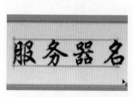

图2-82　输入文本

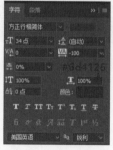

图2-83　"字符"面板

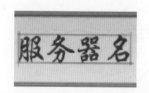

图2-84　文本效果

　　服务器的名称一般是4个字。具体的服务器名称在游戏上线后由策划提供。游戏设计师只需要输入4个字占位即可。

Step02 将"选择服务器框"图层的选区调出，选择"服务器名"图层，单击选项栏中的"水平居中对齐"按钮和"垂直居中对齐"按钮，将文字与按钮底框对齐，如图 2-85 所示。

　　玩家在选择服务器时，系统会根据服务器是否拥堵来决定是否推荐给玩家或进行提示。通常使用红色表示拥堵，黄色表示繁忙，绿色表示畅通。

Step03 按 Ctrl+D 组合键取消选区。单击工具箱中的"椭圆工具"按钮，在选项栏中选择"形状"绘图模式，在画布中绘制一个正圆形状，如图 2-86 所示。双击"椭圆 1"图层缩览图，在弹出的"拾色器（纯色）"对话框中设置填充颜色为 #c73a33，如图 2-87 所示。

图 2-85 文本对齐按钮底框　　图 2-86 绘制正圆形状　　　　图 2-87 设置填充颜色

Step04 单击"确定"按钮，椭圆图形效果如图 2-88 所示。为该图层添加"内发光"图层样式，设置"内发光"参数如图 2-89 所示。

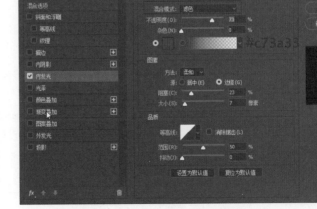

图 2-88 椭圆图形效果　　　　　　　图 2-89 内发光样式参数

Step05 在"图层样式"对话框左侧选择"描边"复选框，设置描边参数如图 2-90 所示。选择"外发光"复选框，设置外发光参数如图 2-91 所示。

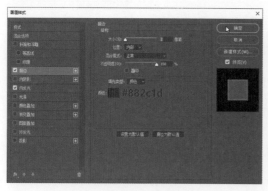

图 2-90　描边样式参数

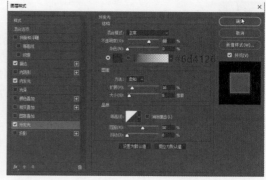

图 2-91　外发光样式参数

Step06 单击"确定"按钮，拥堵提示按钮应用样式后的效果如图 2-92 所示。修改"椭圆 1"图层的名称为"红色圆点"，"图层"面板如图 2-93 所示。

Step07 将拥堵提示按钮与按钮底框垂直对齐，服务器选择按钮效果如图 2-94 所示。按 Ctrl+S 组合键，将文件以"选择服务器框 .psd"为名进行保存，如图 2-95 所示。

图 2-92　拥堵提示按钮效果

图 2-93　"图层"面板

图 2-94　服务器选择按钮效果

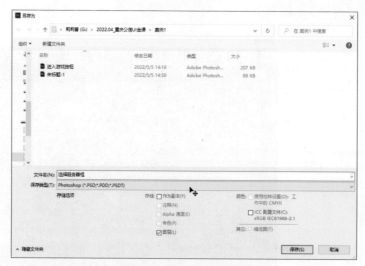

图 2-95　存储为 PSD 格式文件

Step08 将"背景"图层隐藏，全选图像并合并复制，将复制对象粘贴到一个新文件中，隐藏"背景"图层，如图 2-96 所示。按 Ctrl+S 组合键将文件以"选择服务器框 .png"为名进行保存，如图 2-97 所示。

图 2-96　合并复制到新文件中　　　　　图 2-97　存储为 PNG 格式文件

2.4.3　任务评价

完成选择服务器框的绘制后，分别从填充、边框、对齐、间距、文字等角度对作品进行评价。具体评价标准如下。

（1）按钮的底色是否协调，边缘描边明暗效果是否合适。

（2）按钮底部高光、两侧花纹和光点放置与按钮背景是否协调。

（3）按钮四周的图案的粗细及距离是否一致。

（4）文字的属性是否合适，是否能清晰显示。

（5）按钮边框的形状是否协调，底纹显示效果是否合理。

（6）红点和服务器名是否清晰，是否在垂直方向上对齐。

（7）两侧的边框与花纹是否左右对称，是否对齐按钮中心。

2.5　任务二　设计制作游戏 Logo 标题文字和背景

本任务将制作游戏 Logo 标题文字和背景，按照实际工作流程分为绘制游戏 Logo 文字草图、为游戏 Logo 文字上色、为游戏 Logo 文字添加气氛效果、绘制 Logo 背景花纹、绘制游戏 Logo 细节 5 个步骤，完成《云梦四时歌》游戏 Logo 的制作，完成效果如图 2-98 所示。

图 2-98　《云梦四时歌》游戏 Logo

任务目标	理解游戏 Logo 的设计思路和要点； 能够区分风格构思和造型构思的设计要点； 掌握使用钢笔工具创建工作路径并描边的技巧； 掌握使用画笔工具绘制图形光影的方法； 增强学生的理解和自我学习能力； 培养学生的民族自信和文化自信	 扫一扫观看演示视频
主要技术	选框工具、画笔工具、图层样式、图层蒙版、形状工具、用画笔描边路径、路径操作	
源文件	源文件 \ 项目二 \ 游戏 Logo.psd	
素材	素材 \ 项目二 \	

2.5.1 任务分析

游戏 Logo 虽然在游戏界面中只占很小的一部分，但它却是游戏形象宣传的重要组成部分。游戏 Logo 通常会被放在游戏相关的海报、网站和广告中，为了确保拥有更好的显示效果，设计师在设计游戏 Logo 时，通常会设计一个尺寸较大的版本，然后再根据使用场景的不同，分别输出不同尺寸的 Logo，以供不同的宣传场景使用。

为了避免字体的版权问题及使用免费字体的敷衍感，设计师通常会选择一种字体作为基础字体，然后将这个基础字体作为设计的参考或者灵感来源，通过改变文字的外形，添加一些装饰物，把文字变成设计师自己的东西，从而完成游戏 Logo 的制作。

这种凝结了设计师的文字效果能让玩家感受到游戏的诚意，比较容易接受。外观也比较美丽、好看，容易吸引玩家的注意。

本任务将完成《云梦四时歌》游戏 Logo 的设计制作。具体要求如下。

（1）具有卡通风格、中国古风的一款游戏 Logo。

（2）文字字体不宜太严肃、太方正，要与游戏活泼、卡通的风格相搭配。

（3）文字字体笔画不宜太细，便于玩家阅读。

为了设计出符合游戏风格与要求的游戏 Logo，在开始设计游戏 Logo 前，可以观察现有的素材，从色调、风格等多个方向分析，确定游戏 Logo 的组成元素和风格。

观察如图 2-99 所示的游戏测试界面，界面色调为浅紫色和浅黄色。用浅黄色模拟中国古代纸张和奏折的感觉。为了避免画面过于单调，加入了暗度较低的深紫色作为辅助。

在如图 2-100 所示的游戏测试界面中，使用了具有中国特色的偏红的紫色作为主色，还搭配了暗红色和暗紫色作为辅色。为了凸显夜晚的场景，使用"蓝色＋紫色"的搭配方案。

图 2-99　游戏测试界面的色调

图 2-100　游戏测试界面的色彩搭配

通过分析测试界面，可以得出该游戏开始界面的色调风格以浅黄色、紫色、暗紫色、红紫色和蓝色为主，如图 2-101 所示。

图 2-102 所示为《云梦四时歌》游戏早期的一张概念设计图，从中可以看到画面中包含了云纹、云雾和飞舞的蝴蝶等元素。

图 2-101　确定开始界面的色调　　　　　　　图 2-102　游戏概念图

> **提 示**
>
> 　　游戏概念图只是游戏开发的初始阶段，即草图，用来捕捉表达设计灵感，它只是表示的一种设计理念，不需要太精细。

从现有的资料中提炼得出，游戏 Logo 的关键词为古风、精致和唯美，同时还要带一点卡通风格。从游戏测试界面中可以提炼出游戏 Logo 的颜色以浅黄色为主，暗紫色为辅色。同时除中国古风云纹外，也可以将游戏测试界面中的装饰物、按钮风格、粗糙印章都应用到开始界面设计中，如图 2-103 所示。

图 2-103　从游戏测试界面中提炼出的元素

2.5.2　任务实施

步骤1　绘制游戏Logo文字草图

Step01 启动 Photoshop 软件，执行"文件"→"新建"命令，在弹出的"新建文档"对话框中设置文档的尺寸为 1000×500 像素，如图 2-104 所示。单击"创建"按钮，新建文档画布大小如图 2-105 所示。

图 2-104　新建文档　　　　　　图 2-105　新建文档画布大小

Step02 将素材图片"文字素材 1.jpg"打开，效果如图 2-106 所示。按住 Ctrl 键的同时，单击"通道"面板中任一单色通道缩览图，将文字选区调出，效果如图 2-107 所示。

提 示

　　该文字素材图片是在字体网站中输入文字内容自动生成毛笔文字后，另存获得的。由于字体通常具有版权问题，因此读者可自行在因特网上搜索获得。

Step03 单击"背景"图层，按 Shift+Ctrl+I 组合键反选选区，获得文字选区，如图 2-108 所示。按 Ctrl+C 组合键，返回新建文档，再按 Ctrl+V 组合键，将文字粘贴到新建文档中，效果如图 2-109 所示。

图 2-106　文字图片素材　　　　图 2-107　调出文字选区　　　　图 2-108　反选选区

图 2-109　粘贴文字到新建文档中

Step04 使用"多边形套索工具"分别选中单个文字并剪切复制到新图层中，完成后的"图层"面板如图 2-110 所示。分别将文字图层转换为智能对象，"图层"面板如图 2-111 所示。

提 示

　　将图层转换为智能对象后，当对象进行缩放、旋转、变形等操作时，能最大限度地保持对象的像素，减少图像损失。

Step05 使用"移动工具"拖曳调整文字位置并适当缩放，让文字产生初步的节奏感和韵律感，效果如图 2-112 所示。新建一个名为"初始字体"的图层组，将文字拖曳到新建的图层组中，"图层"面板如图 2-113 所示。

Step06 新建一个名为"草稿"的图层，单击工具箱中的"画笔工具"按钮，在画布中单击鼠标右键，在打开的面板中设置各项参数，如图 2-114 所示。设置"前景色"为 #00ffdd，使用"画笔工具"在文字上绘制，重新设计文字草稿，如图 2-115 所示。

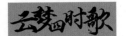

图 2-110 复制粘贴文字到新图层　　　图 2-111 将图层转换为智能对象　　　图 2-112 调整文字大小和位置

提　示

由于大部分字体都有版权问题，直接输入的文字不能直接商用。如果使用免费字体，会给玩家造成敷衍的感觉，直接影响玩家对游戏的初体验。为了避免以上问题，对基础字体进行二次设计创作是一个不错的选择。

Step07 将"云"图层隐藏，观察绘制的草稿效果，如图 2-116 所示。继续使用相同的方法，"使用画笔工具"设计其他几个文字的草稿，完成效果如图 2-117 所示。

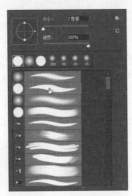

图 2-113 新建图层组　　图 2-114 设置笔刷和大小　　图 2-115 重新设置草稿　　图 2-116 文字草稿效果

Step08 配合"橡皮擦工具"，使用"画笔工具"绘制标题文字的线稿，排除草稿中的一些不协调效果，完成效果如图 2-118 所示。

Step09 将画布放大，继续使用"橡皮擦工具"和"钢笔工具"对线稿进行微调，将杂乱的线条擦除，确定完成的线稿清晰、连贯、圆滑，最终的线稿效果如图 2-119 所示。

图 2-117 完成文字草稿绘制　　　图 2-118 细化标题文字草稿　　　图 2-119 最终的文字线稿效果

　步骤2 为游戏Logo文字上色

Step01 新建一个名为"上色"的图层，设置"前景色"为 #ff2ed5，按 B 键，选择如图 2-120 所示的笔刷，使用"画笔工具"沿线稿轮廓涂抹，创建文字填色效果选区，效果如图 2-121 所示。

提 示

可以选择一种与线稿颜色对比强烈的颜色作为文字填色，以便随时观察填色效果。后期可根据需求再修改填充颜色。

技 巧

可以使用"钢笔工具"勾勒的方式为文字填色，还可以使用"多边形套索工具"创建选区为文字填充颜色，也可以直接使用"画笔工具"进行绘制为文字填色。

Step 02 也可以使用"套索工具"拖曳创建如图 2-122 所示的选区。按 Alt+Delete 组合键使用前景色填充选区，效果如图 2-123 所示。

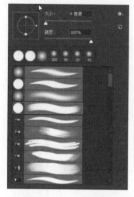　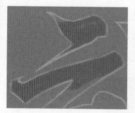　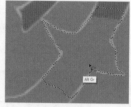　

图 2-120　选择笔刷　　图 2-121　涂抹创建文字填色选区　　图 2-122　创建选区　　图 2-123　用前景色填充选区

Step 03 继续使用相同的方法，完成文字基础填色，填充效果如图 2-124 所示。将"草稿"图层隐藏，观察文字填色效果。使用"套索工具"选中不平滑或者有毛刺的位置，再次使用前景色填充，修饰填充边缘，效果如图 2-125 所示。

图 2-124　文字填色效果　　　　　　　　　　图 2-125　修饰填充边缘

Step 04 为"上色"图层添加"渐变叠加"样式，在弹出的"图层样式"对话框中设置"渐变叠加"参数，如图 2-126 所示。渐变叠加文字效果如图 2-127 所示。

图 2-126　渐变叠加样式参数　　　　　　图 2-127　渐变叠加文字效果

Step05 选择左侧的"描边"复选框，设置"描边"参数如图 2-128 所示。单击"确定"按钮，文字描边效果如图 2-129 所示。

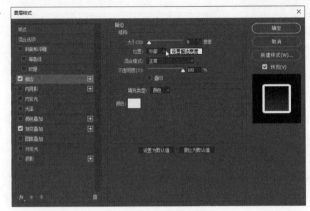

图 2-128 描边样式参数　　　　　　　　　　　　　　　　　　图 2-129 文字描边效果

Step06 选中"上色"图层，按 Ctrl+J 组合键复制一个"上色 拷贝"图层并将其隐藏，"图层"面板如图 2-130 所示。在"上色"图层上单击鼠标右键，在弹出的快捷菜单中选择"栅格化图层样式"命令，如图 2-131 所示。

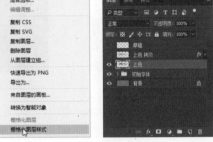

图 2-130 "图层"面板　　　　　　　　　图 2-131 栅格化图层

Step07 使用"套索工具"创建如图 2-132 所示的选区。使用"吸管工具"吸取描边的颜色，按 Alt+Delete 组合键使用前景色填充选区，填充效果如图 2-133 所示。

Step08 使用"套索工具"沿着描边的边缘创建选区，如图 2-134 所示。按 Delete 键删除选中像素，效果如图 2-135 所示。

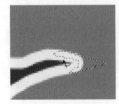

图 2-132 创建选区　　　图 2-133 填充选区　　　图 2-134 创建选区　　　图 2-135 删除选中像素

Step09 继续创建如图 2-136 所示的选区。按 Delete 键删除选中像素，效果如图 2-137 所示。

提示

　　文字的描边效果太规则了，这与实际的毛笔效果不符。使用"套索工具"选中并进行删除操作，可模拟毛笔绘画起伏不均的效果。

Step10 继续使用相同的方法，对文字的描边进行优化处理，完成后的效果如图 2-138 所示。

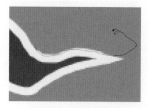

图 2-136　创建选区

图 2-137　删除选中像素

图 2-138　优化文字描边效果

步骤3　为游戏Logo文字添加气氛效果

Step01 按住 Alt 键的同时单击"上色 拷贝"图层缩览图，将其选区调出，如图 2-139 所示。新建一个名为"底部火光"的图层，如图 2-140 所示。

Step02 单击"图层"面板底部的"创建图层蒙版"按钮，为"底部火光"图层创建图层蒙版，如图 2-141 所示。按 B 键，单击鼠标右键，选择如图 2-142 所示的笔刷。

图 2-139　调出"上色拷贝"图层选区

图 2-140　新建图层

图 2-141　新建图层蒙版

Step03 设置"前景色"为 #af2cac，使用"画笔工具"在文字底部涂抹，绘制火光效果，效果如图 2-143 所示。继续使用相同的方法，为其他文字底部添加火光效果，效果如图 2-144 所示。

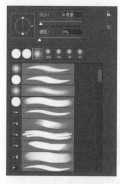

图 2-142　选择笔刷

图 2-143　绘制火光效果

图 2-144　为其他文字底部添加火光效果

Step04 新建一个名为"底部光点"的图层，如图 2-145 所示。按住 Alt 键的同时将"底部火光"图层的图层蒙版拖曳到"底部光点"图层上，效果如图 2-146 所示。

Step05 使用圆形画笔在图层中绘制光点，效果如图 2-147 所示。不断地调整笔刷大小，继续绘制大小不一的光点，效果如图 2-148 所示。

图 2-145 新建图层

图 2-146 复制图层蒙版

图 2-147 绘制光点 效果

图 2-148 绘制大小不一的 光点效果

技 巧

使用"画笔工具"绘制时，按[键可以快速缩小笔刷大小；按]键可以快速放大笔刷大小。

Step06 设置"前景色"为#cb4bab，使用"画笔工具"继续在"底部光点"图层的光点位置涂抹，加深光点的亮度，如图 2-149 所示。设置"前景色"为#e982cd，继续加深光点的亮度，效果如图 2-150 所示。

提 示

加深光点效果时，可以在一些比较大的光点上操作，一些较小的光点就没有必要做了。

Step07 按 Ctrl+1 组合键缩放视图到 100%，游戏 Logo 文字效果如图 2-151 所示。"图层"面板如图 2-152 所示。

图 2-152 "图层"面板

图 2-149 加深光点亮度　图 2-150 继续加深 光点亮度

图 2-151 缩放视图效果

步骤4 绘制Logo背景花纹

Step01 新建一个名为"草稿"的图层，设置"前景色"为#82dee9，使用"画笔工具"绘制一个圆形，如图 2-153 所示。使用"椭圆工具"按照草稿绘制一个圆形工作路径，如图 2-154 所示。

图 2-153 绘制圆形草稿　图 2-154 绘制圆形工作路径

Step02 按住 Alt 键的同时单击"路径"面板底部的"用画笔描边路径"按钮，在弹出的"描边路径"对话框中设置参数，如图 2-155 所示。单击"确定"按钮，描边路径效果如图 2-156 所示。

图 2-155　设置"描边路径"对话框 　　　　　　　　　　图 2-156　描边路径效果

Step03 使用"橡皮擦工具"修饰草稿图，得到精确的圆形效果。继续使用"画笔工具"完成团扇草图的绘制，如图 2-157 所示。新建一个名为"草稿 2"的图层，使用"画笔工具"在团扇周围绘制祥云图案，如图 2-158 所示。

> **提 示**
>
> 　　扇子草稿在后面的制作中要进行旋转、变形等各种操作，因此在这里新建一个图层，用来绘制其他的草稿内容。

Step04 继续使用"画笔工具"绘制祥云图案草稿，完成效果如图 2-159 所示。在游戏 Logo 右侧绘制一个标签草图，作为游戏 Logo 的辅助信息，如图 2-160 所示。

图 2-157　绘制团扇草稿　　图 2-158　绘制祥云图案　　图 2-159　祥云草图效果　　图 2-160　绘制标签草图

> **提 示**
>
> 　　由于游戏 Logo 标题文字采用了水平排列方式，在绘制祥云时，要尽可能地沿着标题文字的形状，绘制出长条状、平滑的、柔和的祥云图案。

> **技 巧**
>
> 　　由于游戏 Logo 标题文字会遮盖住部分祥云图案，因此在绘制祥云图案时，要注意祥云图案线条的连贯性。

Step05 选择"草稿"图层，按 Ctrl+T 组合键，旋转团扇草图，如图 2-161 所示。双击确定变换并隐藏"Logo 文字"图层组，"图层"面板如图 2-162 所示。

Step06 在团扇手柄中心位置创建一条参考线，如图 2-163 所示。配合"橡皮擦工具"，使用"画笔工具"对照参考线绘制团扇手柄的线稿，绘制效果如图 2-164 所示。

图 2-161　旋转团扇草图　　　图 2-162　"图层"面板

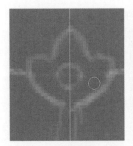

图 2-163 创建参考线　　　　　图 2-164 绘制团扇手柄线稿

提 示

由于团扇的手柄是对称的，因此，在绘制时可以先绘制一半线稿，然后再通过复制线稿并水平翻转的方式完成绘制。

技 巧

为了便于草稿的绘制，取消参考线自动吸附光标的功能，执行"视图"→"对齐到"→"参考线"命令即可。取消对齐到参考线后，"参考线"命令前没有"√"。

Step07 使用"画笔工具"绘制团扇上的花纹，绘制效果如图 2-165 所示。

图 2-165 绘制团扇花纹

Step08 绘制完成后，继续使用"画笔工具"细化草稿，绘制团扇花纹的线稿，完成效果如图 2-166 所示。继续使用相同的方法完成团扇吊坠线稿的绘制，完成效果如图 2-167 所示。

图 2-166 绘制团扇花纹线稿　　图 2-167 绘制团扇吊坠线稿

提 示

绘制狐狸图案时，线条要尽量流畅，与游戏Logo的云纹背景相呼应。绘制的线条尽量采用"S"形的弧线，线条尽量不要出现突兀的"拐弯"。

技 巧

在Photoshop中对像素进行旋转、缩放和变形操作时，会有一定的像素损失。采用形状图形绘制的方法，可以很好地避免这种情况。

Step09 选中"路径"面板中的"工作路径"，使用"移动工具"移动其位置，使其对齐团扇线稿，如图 2-168 所示。按 Ctrl+X 组合键剪切路径，使用"椭圆工具"随意绘制一个圆形形状，按 Ctrl+V 组合键剪贴路径，效果如图 2-169 所示。

Step10 选中并删除绘制的圆形。双击"椭圆 1"图层缩览图，修改填充颜色为 #fcf6e6，效果如图 2-170 所示。在"图层"面板中调整"椭圆 1"图层到"草稿"图层下，并修改图层名称为"圆扇子"，如图 2-171 所示。

图 2-168　使工作路径对齐团扇线稿　　图 2-169　粘贴工路径到形状图层　　图 2-170　修改填充颜色

Step11 为该图层添加"描边"图层样式，设置"描边"样式参数如图 2-172 所示。

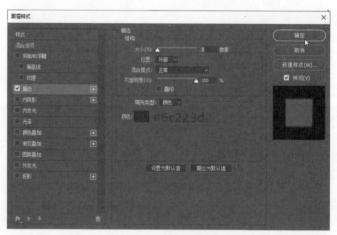

图 2-171　修改图层名称　　　　　　　图 2-172　描边样式参数

Step12 单击"确定"按钮，描边效果如图 2-173 所示。使用"椭圆工具"绘制如图 2-174 所示的圆形，修改其填充颜色为 #fcf6e6，并修改其图层名称为"扇柄圆点"，如图 2-175 所示。

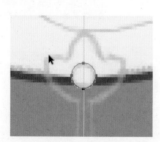

图 2-173　描边效果　　　　　　图 2-174　绘制圆形　　　　　　图 2-175　修改图层名称

Step13 使用"钢笔工具"沿着扇柄草稿绘制左侧扇柄形状，效果如图 2-176 所示。按住 Alt 键的同时使用"路径选择工具"向右拖曳复制形状并水平翻转，将复制形状移动到如图 2-177 所示的位置。使用"钢笔工具"将两段路径连接成一段，如图 2-178 所示。

图 2-176　绘制左侧扇柄

图 2-177　复制另一侧扇柄

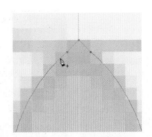
图 2-178　连接两段路径

Step14 修改图层名称为"扇柄"，"图层"面板如图 2-179 所示。修改扇柄图形填充颜色为 #6c223d，效果如图 2-180 所示。使用"椭圆工具"绘制一个填充颜色为 #6d3a22 的椭圆，效果如图 2-181 所示。修改图层名称为"扇柄底部"，如图 2-182 所示。

图 2-179　"图层"面板

图 2-180　修改填充颜色

图 2-181　绘制椭圆形状

图 2-182　修改图层名称

Step15 新建一个名为"扇柄绳子"的图层，设置"前景色"为 #e89b65，使用"画笔工具"沿草图绘制绳子，如图 2-183 所示。设置填充颜色为 #9f4460，使用"椭圆工具"参考草稿绘制椭圆并适当旋转，效果如图 2-184 所示。

Step16 修改图层名称为"扇柄绳子上的珠子"，"图层"面板如图 2-185 所示。设置填充颜色为 #953a5e，使用"钢笔工具"沿草稿绘制如图 2-186 所示的形状图形。修改图层名称为"扇柄尾巴"，如图 2-187 所示。

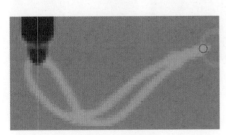
图 2-183　绘制绳子

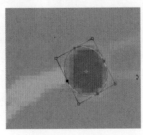
图 2-184　绘制珠子

图 2-185　"图层"面板

Step17 设置填充颜色为 #ebd4c4，使用"钢笔工具"沿扇面上的狐狸线稿绘制图形形状，如图 2-188 所示。将所有与狐狸图案有关的图层全部合并，并修改图层名称为"狐狸花纹"，如图 2-189 所示。

图 2-186　绘制形状图形

图 2-187　修改图层名称

图 2-188　绘制图形形状

图 2-189　修改图层名称

Step18 选中所有与狐狸花纹有关的路径，单击选项栏中的"路径操作"按钮，在打开的下拉列表框中选择"排除重叠形状"选项，如图 2-190 所示。路径效果如图 2-191 所示。

Step19 继续使用"钢笔工具"沿顶部花纹线稿绘制花纹，如图 2-192 所示。复制并水平翻转花纹，效果如图 2-193 所示。修改图层名为"顶部花纹"，"图层"面板如图 2-194 所示。

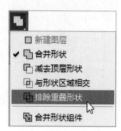
图 2-190　排除重叠形状

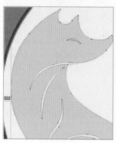
图 2-191　路径排除重叠效果

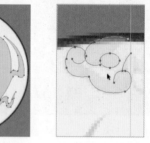
图 2-192　绘制顶部花纹

Step20 新建一个名为"扇子"的图层组，将所有与扇子有关的图层拖入新创建的图层组中，如图 2-195 所示。按 Ctrl+T 组合键自由变换"扇子"图层组，旋转效果如图 2-196 所示。

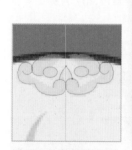
图 2-193　复制顶部花纹

图 2-194　"图层"面板

图 2-195　新建图层组

图 2-196　旋转扇子图形

Step21 将"Logo 文字"图层组显示出来，调整扇子位置，如图 2-197 所示。将"草稿 2"图层显示出来，调整其位置到"扇子"图层组下方，"图层"面板如图 2-198 所示。

提　示

　　"草稿 2"中有一部分被标题文字遮挡，绘制时被遮挡的地方不用太过细致地进行绘制，只要保证线条的流畅性，让线稿能够连接在一起即可。

Step22 继续时使用"画笔工具"精细绘制云纹线稿，完成效果如图 2-199 所示。

图 2-197　调整扇子位置　　　　图 2-198　"图层"面板　　　　　　图 2-199　云纹线稿绘制效果

Step23 新建一个名为"祥云花纹"的图层，使用"画笔工具"细化祥云细节，补充绘制祥云花纹中间的细小花纹，完成效果如图 2-200 所示。

Step24 设置填充颜色为 #fcf6e6，使用"钢笔工具"沿祥云线稿绘制祥云的轮廓形状图形，效果如图 2-201 所示。修改图层名为"祥云底色"，如图 2-202 所示。

图 2-200　绘制祥云细节　　　　图 2-201　绘制祥云轮廓形状图形　　图 2-202　修改图层名称

Step25 将"祥云底色"图层栅格化为普通图层，设置描边颜色为 # d7bcb0，使用"画笔工具"沿线稿绘制，丰富祥云内容细节，再将"祥云底色"图层转换为智能对象图层，完成效果如图 2-203 所示。

Step26 新建一个名为"祥云阴影"的图层。按住 Ctrl 键的同时单击"祥云底色"图层的缩览图，载入图层选区，如图 2-204 所示。按 Ctrl+Shift 组合键，依次单击"草稿 2"图层和"祥云花纹"图层，如图 2-205 所示。

图 2-203　绘制祥云内部细节　　　　图 2-204　载入图层选区　　　　图 2-205　加选图层选区

Step27 选中"祥云阴影"图层，单击"添加图层蒙版"按钮，为图层添加图层蒙版，修改图层混合模式为"正片叠底"，"图层"面板如图 2-206 所示。

Step28 单击"祥云阴影"图层缩览图，设置前景色为 #f9e5dc，按 B 键，设置选项栏中的笔刷"不透明度"为 47%，在祥云位置涂抹被文字和团扇遮挡的阴影，绘制效果如图 2-207 所示。

Step29 使用"多边形套索工具"创建如图 2-208 所示的选区。使用"画笔工具"将云纹间的阴影绘制出来，效果如图 2-209 所示。

图 2-206　"图层"面板　　图 2-207　绘制祥云阴影效果　　图 2-208　创建选区　图 2-209　绘制云纹间阴影

Step30 单击"通道"面板底部的"将选区存储为通道"按钮，新建"Alpha 1"通道，如图 2-210 所示。按 Ctrl+D 组合键取消选区。使用相同的方法创建选区并填充阴影，效果如图 2-211 所示。

Step31 设置"前景色"为 #c2928e，选择较硬的笔刷，沿着上部分祥云绘制投影效果，如图 2-212 所示。按住 Ctrl 键并单击"Alpha 1"通道，将选区调出，使用"画笔工具"绘制如图 2-213 所示的阴影。

   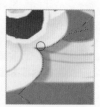

图 2-210　存储选区　　图 2-211　创建选区并填充阴影　　图 2-212　绘制投影效果　图 2-213　绘制投影效果

Step32 设置"前景色"为 #fce0ca，使用"画笔工具"对祥云再次进行渲染，增加祥云的层次感，效果如图 2-214 所示。

图 2-214　再次渲染祥云效果

> **提示**
>
> 　　在一些被遮挡明显的地方，可以使用较深的颜色加深层次。一些没有被遮挡的地方，可以使用较浅的颜色涂抹，简单增加层次即可。

步骤5　绘制游戏Logo细节

Step01 选择"Logo 文字"图层，为其添加"投影"图层样式，设置"投影"参数如图 2-215 所示。单击"确定"按钮，Logo 文字投影效果如图 2-216 所示。

Step02 选中"祥云阴影"图层，使用"吸管工具"吸取比较浅的祥云阴影颜色，选择柔和的笔刷，使用"画笔工具"沿云纹花纹涂抹，进一步增加花纹的层次感，完成效果如图 2-217 所示。

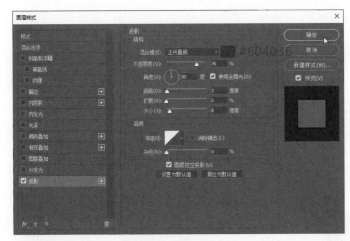

图 2-215 投影样式参数

图 2-216 投影效果

Step 03 新建一个名为"祥云"的图层组,将所有与祥云有关的图层拖曳到"祥云"图层组中,如图 2-218 所示。在"扇柄圆点"图层上新建一个名为"高光阴影"的图层并创建剪贴蒙版,如图 2-219 所示。

图 2-217 增加云纹花纹的层次感

图 2-218 新建图层组

图 2-219 新建图层并创建剪贴蒙版

Step 04 设置"前景色"为 #fdf2ff,使用"画笔工具"在珠子的左上角涂抹,绘制高光效果,如图 2-220 所示。设置"前景色"为 #99739e,使用"画笔工具"在珠子的右下角涂抹,绘制阴影效果,如图 2-221 所示。

Step 05 在"扇柄"图层上新建一个名为"高光阴影"的图层并创建剪贴蒙版,如图 2-222 所示。设置"前景色"为 #a94d6e,使用"画笔工具"在扇柄顶部涂抹,绘制顶部高光,如图 2-223 所示。

图 2-220 绘制高光

图 2-221 绘制阴影

图 2-222 新建图层并创建剪贴蒙版

图 2-223 绘制扇柄高光

Step 06 使用"吸管工具"吸取扇柄颜色，降低颜色的明度，使用"画笔工具"在扇柄底部涂抹，绘制阴影，效果如图 2-224 所示。

Step 07 使用"吸管工具"吸取扇柄高光的颜色，在扇柄底部绘制局部高光，完成效果如图 2-225 所示。继续使用相同的方法，分别为扇柄底部的珠子、绳子和绳子上的珠子绘制高光和阴影，完成效果如图 2-226 所示。

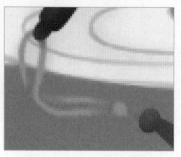

图 2-224　绘制扇柄阴影　　　　图 2-225　绘制局部高光　　　　图 2-226　绘制高光和阴影

Step 08 在"狐狸花纹"图层上新建一个名为"阴影"的图层并创建剪贴蒙版，如图 2-227 所示。使用"吸管工具"吸取狐狸花纹的颜色，降低颜色的明度，使用"画笔工具"涂抹被标题文字遮挡的狐狸花纹位置，效果如图 2-228 所示。

提示

由于狐狸花纹是被紫色的字体遮挡，因此，物体上的投影一定会带有其固有色，因此狐狸花纹上的投影应略带紫色。

Step 09 在"圆扇子"图层上新建一个名为"阴影"的图层并创建剪贴蒙版，使用"吸管工具"吸取扇子的颜色，并适当调整其色相偏紫色，使用"画笔工具"在标题文字遮挡扇面的位置涂抹，完成效果如图 2-229 所示。

Step 10 降低"前景色"的明度，使用"画笔工具"在扇柄遮挡的位置绘制阴影，效果如图 2-230 所示。

图 2-227　新建图层并创　　图 2-228　涂抹狐狸　　图 2-229　绘制扇面阴影　　图 2-230　绘制扇柄遮挡
　　建剪贴蒙版　　　　　花纹阴影效果　　　　　　　　　　　　　　　　　　阴影

Step 11 为"圆扇子"图层添加"内发光"图层样式，设置"内发光"参数如图 2-231 所示。单击"确定"按钮，内发光效果如图 2-232 所示。

Step 12 选择"顶部花纹"图层，使用"路径选择工具"拖曳选中所有路径，如图 2-233 所示。按 Ctrl+C 组合键复制路径，将"顶部花纹"图层隐藏。

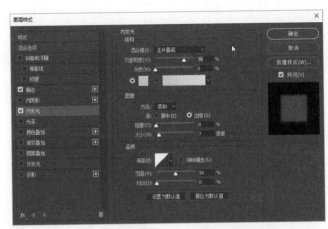

图 2-231 内发光样式参数

图 2-232 内发光样式效果

Step13 新建一个图层，使用"钢笔工具"在画布中任意绘制工作路径，然后按 Ctrl+V 组合键粘贴路径，删除刚绘制的路径，"路径"面板如图 2-234 所示。

Step14 按 B 键，设置"前景色"为 #c7838e，单击"路径"面板底部的"用画笔描边路径"按钮，路径描边效果如图 2-235 所示。将"图层 1"图层名称修改为"顶部花纹"并拖曳到"圆扇子"图层上，"图层"面板如图 2-236 所示。

图 2-233 选中所有路径

图 2-234 "路径"面板

图 2-235 描边路径效果

图 2-236 调整图层顺序

Step15 将"顶部花纹"图层与"圆扇子"图层创建剪贴蒙版，"图层"面板如图 2-237 所示，花纹效果如图 2-238 所示。使用"画笔工具"对描边花纹进行修饰，完成效果如图 2-239 所示。

图 2-237 创建剪贴蒙版

图 2-238 花纹效果

图 2-239 修饰花纹效果

Step16 单击"图层"面板中的"锁定透明像素"按钮，锁定"顶部花纹"图层的透明像素。

设置"前景色"为#e3b2ba，选择柔和的笔刷，使用"画笔工具"在花纹上涂抹，增加花纹的渐变过渡，如图2-240所示。

Step17 选择"圆扇子"图层顶部的"阴影"图层，使用"画笔工具"为花纹添加阴影，阴影效果如图2-241所示。

Step18 将"扇柄尾巴"图层栅格化为普通图层，锁定该图层的透明像素，如图2-242所示。设置"前景色"为#c094b5，使用柔和的笔刷在扇柄尾巴右侧涂抹，效果如图2-243所示。

图2-240 增加渐变效果

图2-241 绘制阴影效果

图2-242 栅格化图层

Step19 新建两个名为"阴影"和"高光"的图层，并分别制作剪贴蒙版，"图层"面板如图2-244所示。将"高光"图层的混合模式设置为"滤色"，将"阴影"图层的混合模式设置为"正片叠底"，如图2-245所示。

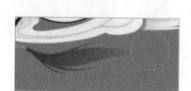

图2-243 扇柄尾巴绘制效果

图2-244 新建图层

图2-245 设置图层混合模式

Step20 选中"扇柄尾巴"图层的"高光"图层，设置"前景色"为#d8a9e0，选择较硬的笔刷，使用"笔刷工具"在扇柄尾巴顶部涂抹，效果如图2-246所示。继续使用"画笔工具"绘制高光，效果如图2-247所示。

Step21 使用"橡皮擦工具"对绘制的高光进行修饰，完成效果如图2-248所示。继续使用"画笔工具"绘制底部高光，效果如图2-249所示。

图2-246 绘制高光

图2-247 高光效果

图2-248 修饰高光

图2-249 绘制底部高光

Step22 使用"橡皮擦工具"擦出渐变的层次感，效果如图2-250所示。继续使用相同的方法，使用"画笔工具"完成扇柄尾巴高光的绘制,效果如图2-251所示。

Step23 选中"扇柄尾巴"图层的"阴影"图层,设置"前景色"为#98416b,在扇柄尾巴左侧涂抹,绘制阴影效果,如图2-252所示。使用"橡皮擦工具"在阴影上涂抹,擦出渐变的层次感,如图2-253所示。

图 2-250 擦出渐变层次感

图 2-251 扇柄尾巴高光效果

图 2-252 绘制阴影效果

提 示

为了获得更好的光影效果,绘制时要注意,阴影和高光不能绘制在同一位置,不能出现重叠的情况。

Step24 新建一个名为"阴影2"的图层并创建剪贴蒙版,修改图层的混合模式为"正片叠底",如图2-254所示。使用"画笔工具"绘制扇柄尾巴的阴影效果,如图2-255所示。

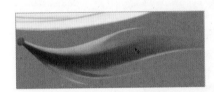
图 2-253 擦出渐变层次感

图 2-254 新建图层

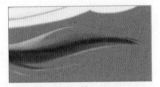
图 2-255 绘制阴影

提 示

绘制阴影时,为了获得逼真的效果,要严格按照扇柄尾部的走向进行绘制,绘制出波浪形的阴影效果。

Step25 使用"橡皮工具"修饰扇柄尾巴的阴影,效果如图2-256所示。选择柔和的笔刷,继续使用"橡皮擦工具"擦出渐变层次感,效果如图2-257所示。

Step26 继续使用"画笔工具"和"橡皮擦工具"绘制扇柄尾巴的阴影效果,并分别调整"阴影"图层和"阴影2"图层的不透明度,效果如图2-258所示。

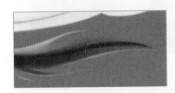
图 2-256 绘制阴影效果

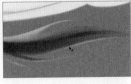
图 2-257 擦出渐变层次感

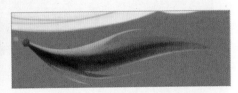
图 2-258 绘制扇柄尾巴的阴影效果

Step27 新建一个名为"新字底色"的图层,使用"吸管工具"吸取标题文字的颜色,使用"画笔工具"沿草稿绘制如图2-259所示的效果。为该图层添加图层蒙版,设置"前景色"为黑色,使用"画笔工具"在蒙版上涂抹,制作出如图2-260所示的渐隐效果。

图 2-259　绘制印章效果

图 2-260　制作渐隐效果

在绘制印章效果时，可以将笔刷的"不透明度"设置为30%。绘制中心位置时，可以采用"大开大合"的绘制方法。绘制边缘时，可以采用"Z"字形运笔的方法，绘制带有毛刺感的效果。

Step28 使用"画笔工具"在"新字底色"图层上绘制，修饰印章效果，如图 2-261 所示。使用"横排文字工具"在画布中单击并输入文字内容，如图 2-262 所示。

Step29 为文字图层添加"外发光"图层样式，设置"外发光"样式各项参数如图 2-263 所示。单击"确定"按钮，外发光效果如图 2-264 所示。

图 2-261　修饰印章效果　　图 2-262　输入文字内容

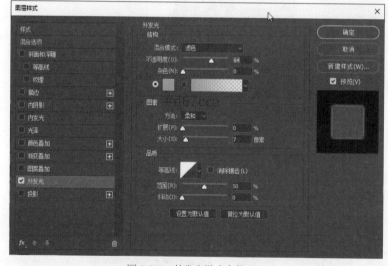

图 2-263　外发光样式参数

图 2-264　外发光效果

Step30 按 Ctrl+J 组合键复制文字图层，双击图层，在弹出的"图层样式"对话框中设置"外发光"参数，如图 2-265 所示。单击"确定"按钮，外发光效果如图 2-266 所示。

Step31 新建一个名为"新"的图层组，将所有与"新"有关的图层拖曳到"新"图层组中，"图层"面板如图 2-267 所示。按 Ctrl+1 组合键缩放视图到 100%，游戏 Logo 效果如图 2-268 所示。

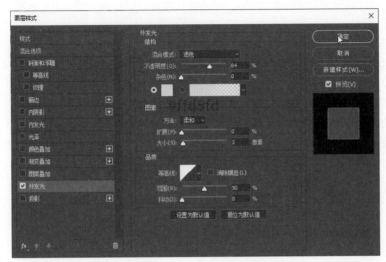

图 2-265 外发光样式参数 图 2-266 外发光效果

图 2-267 新建图层组 图 2-268 游戏 Logo 效果

Step32 按 Ctrl+S 组合键，将文件以"Logo 图案 .psd"为名进行保存。将"背景"图层隐藏，将所有图层合并拷贝到新文件中，并以"完成 Logo.png"为名进行保存，如图 2-269 所示。

图 2-269 存储为 PNG 格式文件

2.5.3　任务评价

（1）标题文字的造型、颜色、描边和投影是否美观且协调。

（2）"新"字的位置是否合适，是否醒目。

（3）团扇颜色是否协调，各组成部分是否协调。

（4）扇柄的绳子是否有前后位置关系，是否有光影的变化。

（5）扇柄尾巴的渐变是否协调，是否有一缕一缕的视觉效果。

（6）云纹轮廓线条是否清晰、平滑，是否有分叉、毛刺。

（7）线条是否细腻、平滑，颜色是否细腻，前后遮挡关系是否正常。

2.6　任务三　设计制作辅助按钮和资源整合

　　本任务将完成游戏辅助按钮的绘制，并完成开始界面的资源整合，按照实际工作流程分为绘制辅助按钮草稿、制作辅助按钮图形、整合底框和操作按钮 3 个步骤，输出内容包括文字、底框和界面效果图，如图 2-270 所示。

图 2-270　开始界面整合效果

任务目标	理解游戏 Logo 的设计思路和要点； 能够区分风格构思和造型构思的设计要点； 掌握使用钢笔工具创建工作路径并描边的技巧； 掌握使用画笔工具绘制图形光影的方法； 培养学生的正确审美理念； 培养学生在游戏界面设计中的创新意识	
主要技术	图层组、画笔工具、形状图形、自由变换、图层样式、横排文字工具、对齐对象	扫一扫观看演示视频
源文件	源文件 \ 项目二 \ 辅助按钮 .psd，开始界面 .psd	
素材	素材 \ 项目二 \	

2.6.1　任务分析

　　在整个游戏的开发过程中，原画师绘制原画、UI 设计师设计界面和建模师设计人物模型是同步进行的。因此，UI 设计师在开始设计工作之前，并不是等其他部门全部完成并提供资源后，才开始设计界面。通常 UI 设计师在项目进行一半时，仅仅获得了一些有限的资料，就要开始进行游戏开始界面的设计制作，如图 2-271 所示。

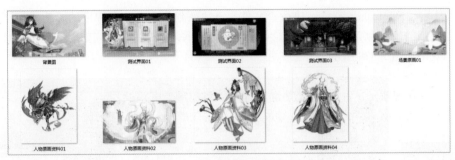

图 2-271 UI 设计师获得的有限的资料

UI 设计师要根据这些有限的资料，再根据原画师提供的背景图，设计出完整的、漂亮的，能够吸引玩家注意的游戏开始界面。

图 2-272 所示为游戏《云梦四时歌》的一张背景图。原画师非常贴心地把原画分成了左右两部分。左侧比较繁杂，背景是华丽的中国古代建筑，一个可爱的少女穿着一件华丽的服装，眼光望向右侧。右侧为天空、白云，相对比较干净，可以用来放置游戏 Logo 和选择服务器框等 UI 元素。

人们在观察图片时，通常会被画面中人物的目光所吸引，因此与少女目光同高的区域适合放置界面中最重要的元素，也就是游戏 Logo，如图 2-273 所示。选择服务器框的位置通常与游戏 Logo 紧密绑定，因此，游戏 Logo 的位置确定后，选择服务器框的位置也就基本确定了，如图 2-274 所示。

图 2-272 开始界面背景图

图 2-273 确定游戏 Logo 的位置

图 2-274 确定选择
服务器框的位置

选择服务器框下方大片的空白区域，可以用来放置"进入游戏"按钮，如图 2-275 所示。为了使界面左右视觉均衡，将 5 个辅助功能按钮放置在画面的左侧位置。游戏研发公司信息、出版版号和健康游戏提示等辅助信息可以放置在画面底部不重要的位置，如图 2-276 所示。

图 2-275 确定进入游戏按钮的位置

图 2-276 确定辅助功能按钮和辅助信息的位置

2.6.2 任务实施

步骤1 绘制辅助按钮草稿

Step01 启动 Photoshop 软件，执行"文件"→"新建"命令，在弹出的"新建文档"对话框中设置文档的尺寸为 250×250 像素，如图 2-277 所示。单击"创建"按钮，按 Ctrl+0 组合键，新建文档效果如图 2-278 所示。

图 2-277 新建文档

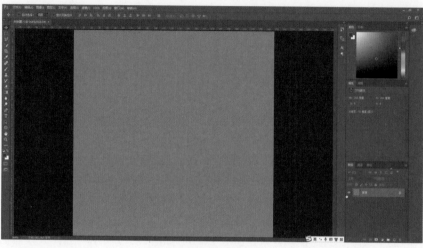

图 2-278 新建文档效果

Step02 新建一个名为"草稿"的图层，使用"画笔工具"在画布中绘制按钮的外框草稿，如图 2-279 所示。使用"橡皮擦工具"擦除多余的线条，外框草稿效果如图 2-280 所示。

Step03 继续使用"画笔工具"绘制"修复"按钮图标的草图，如图 2-281 所示。单击工具箱中的"椭圆工具"按钮，在选项栏中选择"形状"绘图模式，设置填充颜色为 #694c48，在画布中拖曳绘制一个圆形，如图 2-282 所示。

图 2-279 绘制按钮草稿　　图 2-280 修饰　　图 2-281 "修改"按　　图 2-282 绘制圆形
草稿效果　　钮草图

Step04 在"图层"面板中修改"椭圆 1"图层名称为"椭圆底框"，如图 2-283 所示。为该图层添加"描边"图层样式，设置"描边"参数，如图 2-284 所示。

Step05 单击"确定"按钮，描边效果如图 2-285 所示。调整"草稿"图层到所有图层上方，并将其拖曳到"创建新图层"按钮上复制图层，如图 2-286 所示。

Step06 将"草稿"图层隐藏，选择"草稿 拷贝"图层，按 Ctrl+T 组合键自由变换对象，旋转草图，效果如图 2-287 所示。使用"移动工具"从左侧标尺中拖曳出一条垂直参考线，并调整到如图 2-288 所示的位置。

图 2-283　修改图层名称

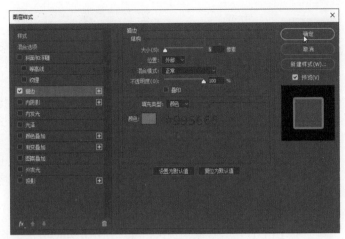

图 2-284　描边样式参数

图 2-285　描边效果

图 2-286　复制"草稿"图层

图 2-287　旋转"草图
拷贝"图层

图 2-288　创建垂直参考线

技　巧

在绘制一些带有角度的图形时，为了便于绘制，可先将其草图旋转成正的，绘制完成后再旋转成倾斜的。对于类似锤子和扳手这种左右对称的图形，更适合使用这种方法。

步骤2　制作辅助按钮图形

Step01 按 P 键，在选项栏中选择"形状"绘图模式，配合键盘上的 Shift 键，使用"钢笔工具"沿草稿绘制右侧形状图形，效果如图 2-289 所示。

提　示

绘制形状图形时，为了便于查看绘制效果，可以将填充颜色设置成一种较为明亮的颜色。为了随时对比草稿图，可以将形状图层的"不透明度"暂时设置为半透明。

Step02 将"草稿 拷贝"图层隐藏，修改"形状 1"图层的"不透明度"为 100%，在图层上单击鼠标右键，在弹出的快捷菜单中选择"栅格化图层"命令，如图 2-290 所示。

Step03 使用"椭圆选框工具"创建如图 2-291 所示的椭圆选框。执行"选择"→"反向"命令或按 Shift+Ctrl+I 组合键，将选框反选，如图 2-292 所示。使用"橡皮擦工具"擦去图形的尖角，如图 2-293 所示。

图 2-289 绘制
形状图形

图 2-290 栅格化图层

图 2-291 绘制椭圆选框

Step04 按 Ctrl+D 组合键取消选区，继续使用相同的方法，将其他尖角修成圆角，完成效果如图 2-294 所示。使用"矩形选框工具"拖曳选中辅助线左侧图形，按 Delete 键删除，如图 2-295 所示。

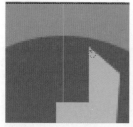

图 2-292 反选选框　　图 2-293 擦去尖角　图 2-294 图形的圆角效果　图 2-295 删除多余图形

Step05 按住 Alt 键，使用"移动工具"向左拖曳复制图形并水平翻转，调整位置，如图 2-296 所示。修改"形状 1"图层名称为"扳手"，如图 2-297 所示。

Step06 在"扳手"图层上单击鼠标右键，在弹出的快捷菜单中选择"转换为智能对象"命令，如图 2-298 所示。将"草稿 拷贝"图层删除，"图层"面板如图 2-299 所示。

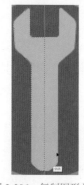

图 2-296 复制图形并　图 2-297 修改图层名称　图 2-298 转换为智能对象　图 2-299 "图层"面板
调整位置后的效果

Step07 选择"扳手"图层，按 Ctrl+T 组合键旋转"扳手"图层，并使其对齐"草图"图层，如图 2-300 所示。复制"草稿"图层并旋转，如图 2-301 所示。

Step08 将"扳手"图层隐藏。使用"圆角矩形工具"在画布中拖曳创建一个 4 像素圆角半径的圆角矩形，如图 2-302 所示。按 Ctrl+T 组合键，单击鼠标右键，在弹出的快捷菜单中选择

"透视"命令，如图2-303所示。拖曳锚点实现上部窄，下部宽的透视效果，如图2-304所示。

图2-300　旋转扳手图形　　图2-301　复制并旋转草稿　　图2-302　绘制圆角矩形　　图2-303　选择透视选项

Step09 使用"矩形工具"绘制一个矩形，如图2-305所示。继续使用"圆角矩形工具"绘制锤子图形的其他部分，绘制完成后的效果如图2-306所示。

提示

　　绘制图形后，按Ctrl+T组合键自由变换对象，将自由变换框的中心点对齐辅助线即可。

Step10 按住Ctrl键的同时依次单击"图层"面板中与锤子图形有关的图层，按Ctrl+E组合键合并图层，然后栅格化图层，将"草稿 拷贝"图层隐藏域，修改"圆角矩形2 拷贝"图层名称为"锤子"，如图2-307所示。

图2-304　透视效果　　　　图2-305　绘制矩形　　　　图2-306　绘制锤子效果　　　图2-307　合并图层

Step11 使用"椭圆选框工具"和"画笔工具"将图形衔接的直角边角修复成圆角，如图2-308所示。

Step12 将"锤子"图层转换为智能对象，删除"草稿拷贝"图层，"图层"面板效果如图2-309所示。选中"锤子"图层，按Ctrl+T组合键旋转锤子图形，并使其对齐"草稿"图层，效果如图2-310所示。

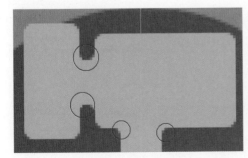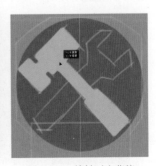

图2-308　修复直角边角　　　　　图2-309　"图层"面板　　　　图2-310　旋转对齐草稿

Step13 将"扳手"图层显示出来，效果如图 2-311 所示。将"扳手"图层拖曳到"锤子"图层上，为其添加"渐变叠加"图层样式，设置"渐变叠加"参数，如图 2-312 所示。

图 2-311　显示"扳手"图层

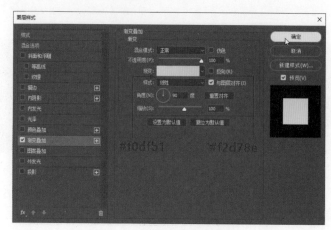

图 2-312　渐变叠加样式参数

Step14 单击"确定"按钮，渐变叠加样式效果如图 2-313 所示。为"扳手"图层添加"外发光"图层样式，各项参数设置如图 2-314 所示。

图 2-313　渐变叠加效果

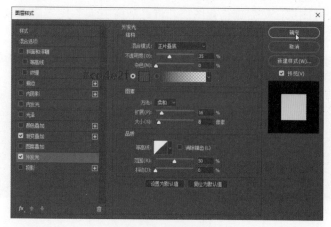

图 2-314　外发光效果

Step15 单击"确定"按钮，扳手图形外发光效果如图 2-315 所示。单击"扳手"图层右侧的图标，在弹出的快捷菜单中选择"拷贝图层样式"命令，如图 2-316 所示。选择"锤子"图层并单击鼠标右键，在弹出的快捷菜单中选择"粘贴图层样式"命令，如图 2-317 所示。

图 2-315　扳手外发光效果

图 2-316　拷贝图层样式

图 2-317　粘贴图层样式

Step16 锤子图形粘贴样式效果如图 2-318 所示。在"锤子"图层上新建一个名为"阴影"的图层并创建剪贴蒙版,"图层"面板如图 2-319 所示。

图 2-318 粘贴样式效果

图 2-319 新建图层并创建剪贴蒙版

Step17 双击"锤子"图层,在弹出的"图层样式"对话框中选择"将内部效果混合成组"复选框,取消选择"将剪贴图层混合成组"复选框,如图 2-320 所示。选中"阴影"图层,设置"前景色"为 #694c48,使用"画笔工具"绘制如图 2-321 所示的阴影。

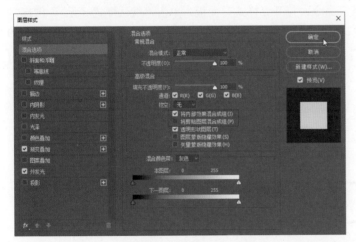

图 2-320 "图层样式"对话框

图 2-321 绘制阴影效果

Step18 修改"阴影"图层的不透明度为 45%,如图 2-322 所示。按 Ctrl+1 组合键观察绘制效果,如图 2-323 所示。

图 2-322 设置图层不透明度

图 2-323 图标效果

Step19 选中"椭圆底框"图层,为其添加"内发光"图层样式,设置"内发光"各项参数如图 2-324 所示。单击"确定"按钮,内发效果如图 2-325 所示。

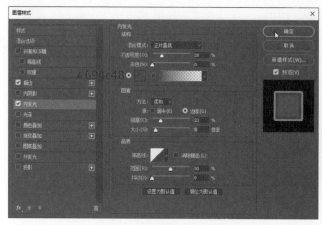 

图 2-324 "内发光"样式参数　　　　　　　　图 2-325 内发光效果

Step20 打开"选择服务器框 .psd"文件，如图 2-326 所示。使用"移动工具"将"花朵图案"图层拖曳到按钮文件中，如图 2-327 所示。

Step21 执行"窗口"→"样式"命令，打开"样式"面板，单击"默认样式（无）"图标，清除"花朵图案"图层的图层样式，如图 2-328 所示。按 Ctrl+T 组合键自由变换花朵，如图 2-329 所示。

 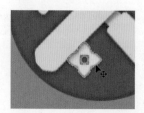 

图 2-326 打开"选择服务器框"文件　　图 2-327 拖入花朵图案　　图 2-328 清除图层样式

Step22 按住 Ctrl 键的同时单击"椭圆底框"缩览图，将椭圆底框选框调出，单击选项栏中的"水平居中对齐"按钮和"垂直居中对齐"按钮，效果如图 2-330 所示。

Step23 按 Ctrl+D 组合键取消选框，双击"花朵图案"缩览图，修改填充颜色为 #693f3c，修改图层"不透明度"为 51%，效果如图 2-331 所示。

图 2-329 自由变换花朵　　图 2-330 对齐椭圆底框　　图 2-331 花朵效果

Step24 为"花朵图案"图层添加"外发光"图层样式，设置"外发光"参数如图 2-332 所示。单击"确定"按钮，外发光效果如图 2-333 所示。

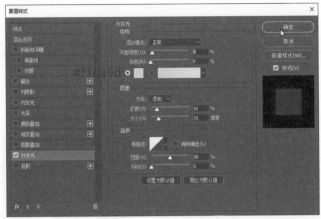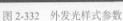

图 2-332　外发光样式参数　　　　　　　　　　图 2-333　外发光参数

Step25 新建一个名为"图标"的图层组，将与按钮有关的图层拖曳到新建图层组中，如图 2-334 所示。使用"横排文字工具"在画布中单击并输入如图 2-335 所示的文本。

Step26 在"字符"面板中设置文本的各项参数，如图 2-336 所示，文本效果如图 2-337 所示。

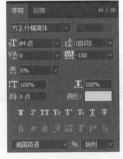

图 2-334　新建图层组　　　图 2-335　输入文本　　　图 2-336　"字符"面板　　　图 2-337　文本效果

Step27 为文字图层添加"外发光"图层样式，设置"外发光"参数如图 2-338 所示。单击"确定"按钮，文字外发光效果如图 2-339 所示。

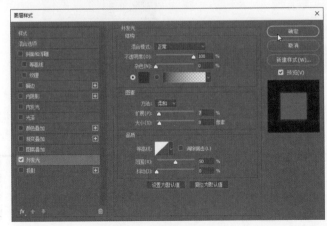

图 2-338　外发光样式参数　　　　　　　　　图 2-339　文字外发光效果

Step28 将文件分别以"修复图标 .psd"和"修复图标 .png"为名进行保存，如图 2-340 所示。

修复图标的最终效果如图 2-341 所示。

图 2-340　存储 PSD 文件　　　　　　　　　　图 2-341　修复图标效果

步骤3　整合底框和操作按钮

Step 01 将"背景图 .jpg"文件在 Photoshop 中打开，效果如图 2-342 所示。选中其他的素材并直接拖曳到背景图中，效果如图 2-343 所示。

图 2-342　打开素材图像

Step 02 将"完成 Logo"拖曳到界面的右上角位置，如图 2-344 所示。按 Ctrl+T 组合键自由变换，变换效果如图 2-345 所示。

图 2-343　拖曳其他素材到背景图中　　　图 2-344　放置游戏 Logo 位置　　　图 2-345　自由变换游戏 Logo

Step03 从左侧标尺中拖曳出一条辅助线，放置在游戏 Logo 的中心位置，将"选择服务器框"和"进入游戏"按钮拖曳到如图 2-346 所示的位置。使用"矩形选框工具"以辅助线为中心创建矩形选框，如图 2-347 所示。

Step04 将"选择服务器框"和"开始游戏按钮"图层同时选中，单击选项栏中的"垂直居中对齐"按钮，即可将所选图层中心对齐辅助线，如图 2-348 所示。

图 2-346　创建辅助线并　　　图 2-347　创建矩形选框　　　图 2-348　对齐辅助线
　　　　　　添加按钮

Step05 选中"完成 Logo""选择服务器框"和"开始游戏按钮"图层，拖曳调整摆放位置，使其占满右侧空白区域，如图 2-349 所示。选中 5 个辅助按钮，按 Ctrl+T 组合键缩小辅助按钮的尺寸，如图 2-350 所示。

Step06 使用"移动工具"，按照从上向下的顺序拖曳调整 5 个辅助按钮的位置，如图 2-351 所示。同时选中 5 个图层，单击选项栏中的"垂直居中对齐"按钮和"垂直分布"按钮，拖曳调整辅助按钮到如图 2-352 所示的位置。

图 2-349　调整位置　　　　　图 2-350　缩放辅助按钮尺寸　　　图 2-351　调整辅助按钮的位置

Step07 设置"前景色"为黑色，使用"矩形工具"在界面底部绘制一个矩形形状，如图 2-353

所示。修改"矩形1"图层的不透明度为50%，效果如图2-354所示。

图2-352　对齐并调整位置　　　　　　图2-353　绘制矩形形状　　　　　　图2-354　设置图层不透明度

Step08 使用"横排文字工具"在界面底部的黑色矩形上单击并输入文字内容，如图2-355所示。

图2-355　输入健康游戏提示

> **提　示**
>
> 　　游戏上线前，在界面中的健康游戏提示下还会添加版权信息和举报电话等信息，在本任务的学习阶段就不添加了。

Step09 按Ctrl+S组合键，将文件以"开始界面.psd"为名进行保存。按Alt+Ctrl+S组合键，将文件以"开始界面.jpg"为名进行保存，供开发人员使用。完成后的开始界面效果如图2-356所示。

图2-356　开始界面效果

2.6.3　任务评价

（1）扳手和锤头的倾斜角度是否一致，是否对齐圆形底框中心。

（2）圆形底框边缘与暗纹的搭配是否协调。

（3）各种图层样式的参数设置是否合适。

（4）文字是否在底部按钮正中心。

（5）文字与圆形底框是否拉开明度差。

（6）游戏 Logo、选择服务器框、进入按钮与背景是否协调。

（7）左侧按钮的位置、排列是否合适。

（8）下方的健康游戏信息是否清晰、便于阅读。

（9）完成的界面发送到手机等设备上阅读时，是否合适。

2.7 项目小结

本项目通过 3 个任务完成了游戏开始界面的设计制作，详细讲解了使用 Photoshop 绘制开始界面中不同元素的方法和技巧，帮助读者了解游戏开始界面设计制作规范的同时，使读者掌握游戏界面输出和存储的要点。通过本项目的学习，读者应掌握设计制作游戏开始界面的流程和方法，以及输出的方法和技巧。

通过完成本项目中国风游戏开始界面的设计制作，因势利导，依据专业课程的特点采取了恰当的方式自然地融入中华传统建筑、传统服饰和传统纹理文化，注重挖掘其中的思政教育要素，弘扬精益求精的专业精神、职业精神和工匠精神，培养读者的创新意识，将"为学"和"为人"相结合。

2.8 课后测试

完成本项目学习后，接下来通过几道课后测试，检验一下对"设计制作游戏开始界面"的学习效果，同时加深对所学知识的理解。

2.8.1 选择题

在下面的选项中，只有一个是正确答案，请将其选出来并填入括号内。

1）下列选项中，不属于游戏开始界面作用的是（　　）。

A. 展示游戏名称

B. 展示游戏形象

C. 展示游戏玩法

D. 提示健康游戏

2）游戏名称通常放置在游戏开始界面中最醒目的（　　），让玩家可以非常直观地了解游戏的名字。

A. 中心位置

B. 最上面位置

C. 最下面位置

D. 最好看位置

3）一般会放置在开始界面的左右两侧，帮助玩家了解游戏的各种信息的是（　　）。

A.进入游戏按钮

B.辅助信息按钮

C.健康游戏提示

D.游戏名称

4）通过游戏 Logo、原画吸引玩家的最终目的是（　　）。

A.留下来并进入游戏

B.点击功能按钮

C.了解游戏故事背景

D.以上都是

5）完成游戏开始界面的设计制作后，需要输出（　　）格式。

A. .jpg 和 .psd

B. .png 和 .psd

C. .jpg 和 .png

D. .jpg、.png 和 .psd

2.8.2　判断题

判断下列各项叙述是否正确，对，打"√"；错，打"×"。

1）无论开始界面采用哪种布局方式，界面中都需要包括游戏的名称、进入游戏按钮、辅助信息按钮和健康游戏提示信息等内容。（　　）

2）健康游戏提示一般包括游戏版权信息和游戏健康提示两部分内容。通常放置在游戏开始界面的中心位置。（　　）

3）设计师在设计游戏 Logo 时，通常会设计一个尺寸较大的版本。然后再根据使用场景的不同，分别输出不同尺寸的 Logo，以供不同的宣传场景使用。（　　）

4）一些具有高知名度的大制作游戏，并不会将游戏名称放置在开始界面中，从而达到增加神秘感或配合营销的目的。（　　）

5）设计师可以从因特网上随意下载字体使用，用来制作效果丰富的游戏界面。（　　）

2.8.3　创新题

使用本项目所学的内容，读者充分发挥自己的想象力和创作力，参考如图 2-357 所示的游戏开始界面，设计制作一款武侠风格的游戏开始界面，要确保开始界面中所有元素的风格一致，同时，做好资源整合和元素输出的工作。

图 2-357　武侠风格游戏开始界面

本项目将完成游戏活动界面的设计制作。通过完成游戏活动界面的设计制作，帮助读者掌握游戏界面设计中活动界面的设计方法和技巧。项目按照游戏界面设计实际工作流程，依次完成"设计制作领取按钮和立即参与按钮""设计制作如意图标和星耀图标"和"设计制作并整合游戏活动界面" 3 个任务，游戏活动界面最终的完成效果如图 3-1 所示。

图 3-1　游戏活动界面效果

根据研发组的要求，下发设计工作单，对界面设计注意事项、制作规范和输出规范等制作项目提出详细的制作要求。设计人员根据工作单要求在规定的时间内完成游戏活动界面的设计制作，工作单内容如表 3-1 所示。

表 3-1　某游戏公司游戏 UI 设计工作单

工作单							
项目名称	设计制作游戏活动界面					供应商	
分类	任务名称	开始日期	提交日期	制作时间 / 天			工时小计 / 天
				按钮	图标	整合界面	
	活动界面			2 天	2 天	4 天	
制作要求	制作内容	尺寸（像素）	配色	界面位置	设计效果		
	领取按钮	500×200	浅黄色橘黄色	活动详情上部	色彩突出，便于玩家快速找到并点击		
	立即参与按钮	500×500	浅黄色深棕色	活动界面右下角	造型新奇，与界面左下角符灵名称底框相呼应		
	如意图标	500×500	浅绿色黄绿色	活动详情中	色彩华丽、醒目，能够快速吸引玩家注意		
	星耀图标	500×500	蓝紫色红紫色	活动详情中	色彩鲜艳，与其他图标对比强烈，便于玩家快速辨认		
	游戏活动界面	1920×1080	深棕色金黄色	界面左侧和右侧	整体界面风格统一，色彩搭配协调。内容丰富，主题突出		
输出规范	各元素 PSD 源文件各一张。各元素 PNG 效果图各一张。开始界面效果图 PSD 源文件一张和 JPG 效果图一张						
注意事项	界面尺寸为 1920×1080 像素，以适合主流移动设备的尺寸						

3.1 活动界面的类型

　　活动界面是游戏为了增加趣味性、吸引人气、提高用户黏度而推出的有时效性、有主题性的活动。类似于日常生活中商场或门店的各种促销活动或主题活动，如图 3-2 所示。

图 3-2　商场促销活动或主题活动

> **提　示**
>
> 　　游戏中的活动是从线下商场或门店的各种活动中演变过来的，与线下活动不同的是，游戏的活动界面中带有浓厚的游戏味道。

　　活动界面中最常见的类型是等级活动界面，其主要作用是激发玩家升级的积极性，如图 3-3 所示。玩家进入游戏后，刚开始是只有一级的新手玩家，通过玩家的不断努力，其等级不断提高，达到一定的等级后，游戏就会赠送相应的道具。等级越高，得到的道具就越好，含金量越高。

　　为了确保游戏正常运行，不断地吸引新玩家加入，游戏经常会开展各种丰富的活动。这些活动可以全部显示在一个活动展示界面中。

　　图 3-4 所示的活动展示界面中，将界面分为左右两部分。左侧用来展示限时冲级、分享得好礼等活动的类型。单击选择任一活动后，将在右侧展示活动内容，以及完成活动后玩家能够得到的奖励。

图 3-3　等级活动界面　　　　　　　　　　图 3-4　活动展示界面

　　图 3-5 所示的活动界面中包含日常活动、限时活动和等级预览 3 种活动。选择日常活动，

将在右侧显示玩家每天都要完成的活动。当玩家达到一定的活跃值后，即可获得底部展示的奖品。活跃值越高，获得的奖励就越好。

图 3-5　日常活动界面

3.2　活动界面的组成元素

　　游戏活动界面通常以弹窗的方式显示，也有一些内容较多的活动界面采用全屏的方式显示。每一个活动弹窗界面通常包括"活动标题""活动内容"和"装饰图案"3 部分。

3.2.1　活动标题

　　活动标题的主要作用是展示界面的属性。弹窗类型的界面通常将标题放置在弹窗的顶部；全屏类型的活动界面通常将标题放置在界面左上角。

> **提　示**
>
> 　　为了方便玩家退出当前界面，返回上一级界面，全屏类型的活动界面中通常会放置一个"返回"按钮。

　　图 3-6 所示为游戏《新笑傲江湖》的活动界面。该界面设计形式非常新颖，界面左侧的活动导航被设计成转盘的形式，玩家可以通过滑动的方式在不同的活动中切换。界面右侧使用类似中国古典家具的底框作为活动展示的底框。每一个活动使用纸张和飞镖的造型展示，非常形象。漂亮且新颖的界面设计能够第一时间吸引玩家的注意，玩家可以通过点击图标了解活动详情，进而参与活动。

图 3-6　游戏《新笑傲江湖》的活动界面

3.2.2　活动内容

　　活动界面中的内容要能够清晰明了地展示活动内容和活动奖励，必要时可以通过添加活动宣传语和快速活动接口，吸引玩家参与。

图 3-7 所示为游戏《烈火如歌》的活动界面。该界面非常符合典型活动界面的特征。界面左侧显示弹窗标题，用来显示界面的名称。界面顶部显示具体的二级标签，将活动分成坐骑排行、翅膀排行、宝石排行、充值排行、宠物排行和战力排行 6 个类别。界面右侧提供一些关于坐骑的辅助信息，帮助玩家了解坐骑的战力和福利。

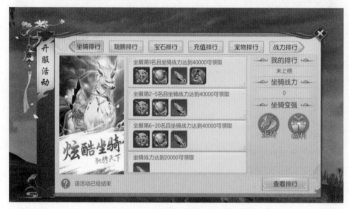

图 3-7　游戏《烈火如歌》的活动界面

玩家点击某个类别后，将在界面中间显示相应的活动详情。活动详情的左侧放置了一个非常炫酷的坐骑原画，用来吸引玩家。玩家如果想要获得坐骑，就会阅读右侧的活动内容，从而参与到当前活动中。

3.2.3　装饰图案

游戏的一些活动比较简单，整个界面内容较少，可以通过在活动界面中添加唯美的装饰图案，既能更好地展示奖品，又能吸引玩家的注意。

> **提　示**
>
> 当玩家达到条件后，可以获得一些非常炫酷的坐骑、武器或卡片。这些道具对玩家的吸引力较大。设计师应将这些内容展示在界面较为醒目的位置。

图 3-8 所示为游戏《诛仙》的活动界面。该界面中重点刻画了界面周围的花纹，使用左上角的花朵花纹和右下角的古灯花纹，为活动界面营造出仙气飘飘的视觉感受。

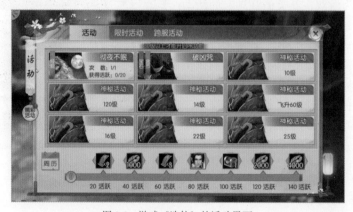

图 3-8　游戏《诛仙》的活动界面

打开界面时，玩家的视线立即会被界面左上角的活动标签吸引，然后顺势阅读"限时活动"和"跨服活动"分类，接着在排列整齐的活动分类中选择自己感兴趣的活动阅读，即可了解活动详情。

界面为每一个活动绑定了相应的活跃值，如图 3-9 所示。当玩家达到活跃值后，活跃值上方的道具图标将被点亮，玩家就可以获取相应的活动道具。

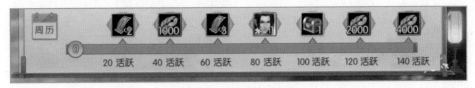

图 3-9　活跃值绑定的道具

3.3　活动界面线框图分析

线框图是策划人员提供的用来布局界面的参考图。UI 设计师要想办法将线框图中的所有内容完整地展示在界面中。设计师可以根据设计方案，对线框图的布局和细节进行适当的调整和增加。

图 3-10 所示为本项目活动界面的线框图。活动界面左侧主要用作奖品展示及说明，当玩家达到某一级别后，即可获得一个被称为"纸神尚卿"的符灵。

这个符灵的等级较高，对玩家的吸引力较大，因此设计师将整个界面中最醒目的位置分配给了这个符灵，同时在界面底部显示符灵的等级和名称。为了方便玩家进一步了解符灵，还提供了"符灵详情"按钮供玩家点击了解。

界面左侧位置对符灵及其技能进行了简单的介绍。单击"喇叭图标"将会播放符灵的配音，通过画面和声音吸引玩家。

活动界面右侧用来展示活动内容及奖励，分别展示了当玩家达到不同级别后会获得的道具，如图 3-11 所示。活动界面右下角位置是参与活动接口区域，玩家可以通过单击"阵容推荐"按钮快速了解哪些阵容能够更容易升级，如图 3-12 所示。

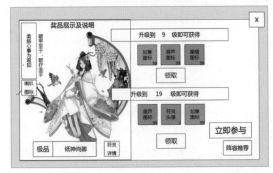

图 3-10　奖品展示及说明区域

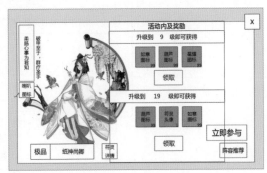

图 3-11　活动内容及奖励区域

本项目活动界面的视觉中心在界面左侧精美的符灵原画上,如图 3-13 所示。精美、漂亮的画面永远比文字更具吸引力,展示一个精美的画面,吸引玩家的注意,是一个非常重要的技巧。

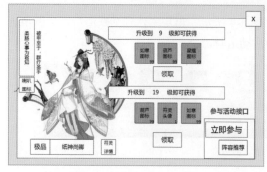

图 3-12　参与活动接口区域

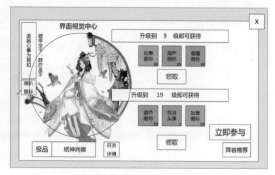

图 3-13　界面的视觉中心

活动界面右侧提供了设计精美的道具图标,但是由于图标的面积较小,设计师无法将图标设计得足够华丽与炫目,所以在画面中放置一个面积较大,外形比较华丽、精美的符灵原画。

玩家打开界面后,第一时间会被原画吸引,通过阅读原画周围的信息来了解符灵,并对游戏产生兴趣。通过继续阅读右侧的活动内容,了解设计师想要传达的信息,自然而然地点击"立即参与"按钮,参与到升级活动中。

项目实施

本项目讲解设计制作游戏活动界面的相关知识内容,主要包括"设计制作领取按钮和立即参与按钮""设计制作如意图标和星耀图标"和"设计制作并整合游戏活动界面"3 个任务,项目实施内容与操作步骤如图 3-14 所示。

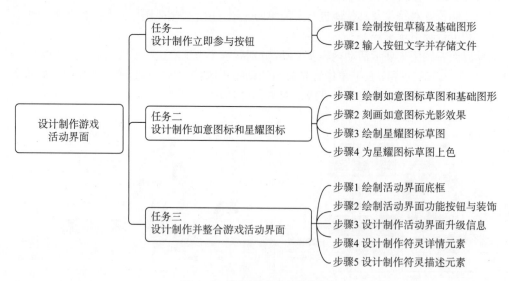

图 3-14　项目实施内容与操作步骤

3.4 任务一 设计制作立即参与按钮

本任务使用 Photoshop CC 2021 软件完成游戏活动界面中立即参与按钮的设计制作。按照实际工作中的制作流程，分为绘制按钮草稿及基础图形、输入按钮文字并存储文件两个步骤。制作完成的活动界面立即参与按钮效果如图 3-15 所示。

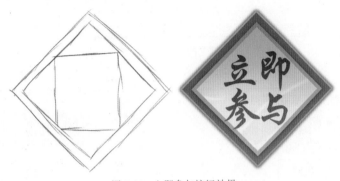

图 3-15 立即参与按钮效果

任务目标	了解活动界面的概念和类型； 理解按钮不同状态的作用和制作方法； 掌握使用钢笔工具制作花纹的方法； 掌握使用图层样式增加按钮层次感的方法； 学生能够独立阅读，并准确划出学习重点； 团队合作中能够主动发表个人观点	 扫一扫观看演示视频
主要技术	画笔工具、钢笔工具、形状工具、编辑路径、图层样式、复制粘贴图层样式、横排文字工具	
源文件	源文件 \ 项目三 \ 立即参与按钮 .psd	
素材	素材 \ 项目三 \	

3.4.1 任务分析

图 3-16 所示为游戏活动界面线框图。活动界面可以告知玩家，当玩家达到某个条件时，可以获得什么奖励。其主要作用是激励玩家升级，投入更多的精力在游戏中。

本项目的活动界面与玩家等级有关，当玩家达到 9 级后，即可获得"如意图标""葫芦图标"和"星耀图标"，如图 3-17 所示。当玩家达到 19 级时，即可获得"葫芦图标""符灵头像"和"如意图标"，如图 3-18 所示。

在所有奖品中，"符灵头像"是最有价值的，因此在活动界面的左侧展示出来，同时在底部对符灵进行详细的介绍，如图 3-19 所示。在界面左侧对符灵的口号和技能进行介绍，单击"喇叭图标"可以播放符灵的音效，如图 3-20 所示。

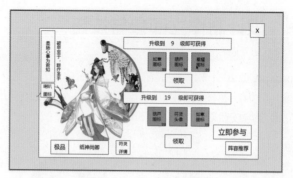

图 3-16　游戏活动界面线框图

图 3-17　达到 9 级的活动

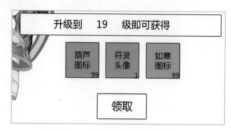

图 3-18　达到 19 级的活动

图 3-19　符灵头像与详情

图 3-20　符灵口号和技能

玩家单击"立即参与"按钮，即可参与到当前活动中。对于新手玩家，可以通过单击"阵容推荐"按钮，帮助玩家达成活动要求。

3.4.2　任务实施

步骤1　绘制按钮草稿及基础图形

Step01 启动 Photoshop 软件，执行"文件"→"新建"命令，在弹出的"新建文档"对话框中设置文档的尺寸为 500×500 像素，如图 3-21 所示。使用"前景色"#757575 填充画布，效果如图 3-22 所示。

> **提　示**
>
> 为了保证按钮在不同场景中使用的清晰度，绘制时将采用两倍的尺寸进行绘制。

Step02 新建一个名为"草稿"的图层，使用"画笔工具"绘制按钮草图，效果如图 3-23 所示。继续绘制一个矩形，标注文字的位置，如图 3-24 所示。

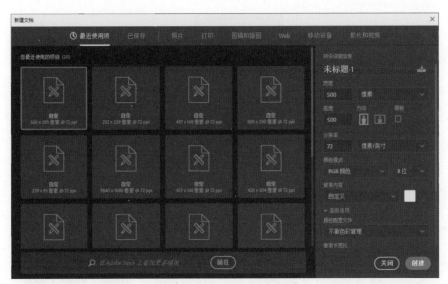

图 3-21 新建文档

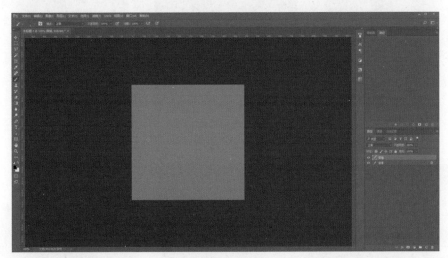

图 3-22 填充画布

图 3-23 绘制按钮草图

图 3-24 标注文字位置

Step03 单击工具箱中的"矩形工具"按钮，在选项栏中选择"形状"模式，在画布中拖曳绘制矩形，修改"矩形 1"图层的"不透明度"为 30%，如图 3-25 所示。按 Ctrl+T 组合键自由变换形状，旋转矩形角度并调整到如图 3-26 所示的位置，双击确定变换。

Step04 按 Ctrl+J 组合键复制"矩形 1"图层，得到"矩形 1 拷贝"图层，"图层"面板如图 3-27 所示。按 Ctrl+T 组合键自由变换形状，将复制的矩形缩小，效果如图 3-28 所示。

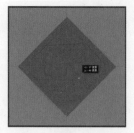

图 3-25　绘制矩形并修改不透明度　　　　　图 3-26　旋转并移动位置

Step05 双击确定变换。修改两个矩形图层的"不透明度"为100%，如图 3-29 所示。选择"矩形 1"图层，单击"图层"面板底部的"创建图层样式"按钮，在打开的下拉列表框中选择"渐变叠加"选项，设置渐变叠加样式各项参数，如图 3-30 所示。

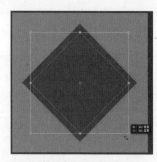

图 3-27　"图层"面板　　　图 3-28　缩小复制的矩形　　　图 3-29　设置图层不透明度

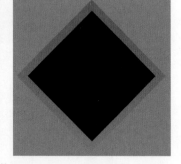

图 3-30　设置渐变叠加图层样式参数

Step06 选择左侧的"描边"复选框，设置描边图层样式各项参数，如图 3-31 所示，图形描边效果如图 3-32 所示。

Step07 选择左侧的"外发光"复选框，设置外发光图层样式各项参数，如图 3-33 所示。单击"确定"按钮，图形外发光效果如图 3-34 所示。

Step08 选中"矩形 1 拷贝"图层，为其添加"渐变叠加"图层样式，设置渐变叠加图层样式各项参数，如图 3-35 所示，图形渐变叠加效果如图 3-36 所示。

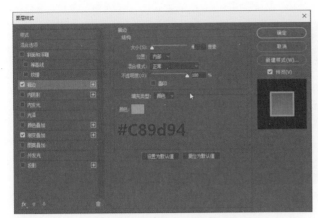

图 3-31 设置描边图层样式参数

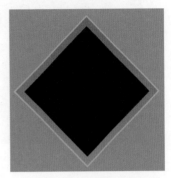

图 3-32 图形描边效果

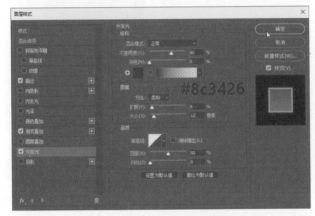

图 3-33 设置外发光图层样式参数

图 3-34 图形外发光效果

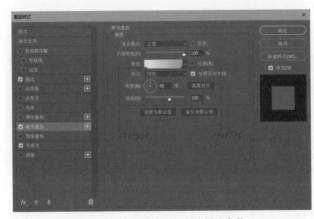

图 3-35 设置渐变叠加图层样式参数

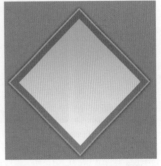

图 3-36 图形渐变叠加效果

Step 09 选择左侧的"描边"复选框，设置描边图层样式各项参数，如图 3-37 所示。单击"确定"按钮，图形描边效果如图 3-38 所示。

Step 10 将鼠标移动到"图层"面板"矩形 1"图层下的"外发光"样式上，按住 Alt 键的同时向上拖曳到"矩形 1 拷贝"图层上，如图 3-39 所示。"矩形 1 拷贝"图层的图形投影效果如图 3-40 所示。将"草稿"图层显示并拖曳到最顶层，如图 3-41 所示。

图 3-37　设置描边图层样式参数

图 3-38　图形描边效果

图 3-39　拖曳复制样式

图 3-40　图形投影效果

图 3-41　调整图层顺序

步骤2　输入按钮文字并存储文件

Step01 单击工具箱中的"横排文字工具"按钮，在画布中单击并输入文字内容，效果如图 3-42 所示。为文字图层添加"渐变叠加"图层样式，设置渐变叠加图层样式参数，如图 3-43 所示。

图 3-42　输入文本

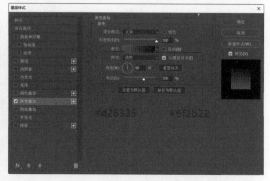

图 3-43　设置渐变叠加图层样式参数

Step02 单击"确定"按钮，图标效果如图 3-44 所示。在"矩形 1 拷贝"图层上新建一个名为"花纹"的图层，并与"矩形 1 拷贝"图层创建剪贴蒙版，"图层"面板如图 3-45 所示。

Step03 双击"矩形 1 拷贝"图层，在弹出的"图层样式"对话框中选择"将内容效果混合成组"复选框，取消选择"将剪贴图层混合成组"复选框，如图 3-46 所示。

Step04 选中"花纹"图层，设置"前景色"为 #ffffbf，单击工具箱中的"画笔工具"按钮，选择柔和笔刷，在画布中绘制黄色光晕，效果如图 3-47 所示。在"花纹"图层上新建一个名为"花纹 2"的图层，并与"矩形 1 拷贝"图层创建剪贴蒙版，"图层"面板如图 3-48 所示。

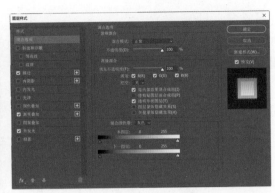

图 3-44 图标效果　　　图 3-45 "图层"面板　　　　　　　图 3-46 "图层样式"对话框

Step 05 将"前景色"设置为白色,使用较细的柔和笔刷在画布中绘制随意的"波浪形"图案,效果如图 3-49 所示。选中"图层"面板中除"背景"图层外的所有图层,单击"创建图层组"按钮,新建一个名为"立即参与"的图层组,如图 3-50 所示。

图 3-47 绘制光晕　　图 3-48 "图层"面板　　图 3-49 绘制波浪形图案　　图 3-50 管理图层

提 示

　　绘制图形花纹时,不用刻意地绘制中国风花纹,也不要太随意、太花哨。视觉效果就像小小的波浪在岸边轻轻地划过即可。

Step 06 按 Ctrl+S 组合键,将文件以"立即参与按钮 .psd"为名进行保存。将"背景"图层隐藏,按 Ctrl+A 组合键选择全部,再按 Ctrl+Shift+C 组合键合并复制。再按 Ctrl+N 组合键新建文件,再按 Ctrl+V 组合键粘贴,效果如图 3-51 所示。

Step 07 隐藏"背景"图层,执行"文件"→"存储为"命令,将文件以"立即参与按钮 .png"为名进行保存,效果如图 3-52 所示。

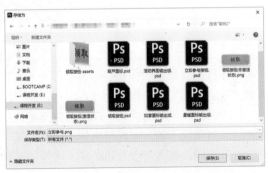

图 3-51 复制粘贴效果　　　　　　　　　　图 3-52 存储为 PNG 格式文件

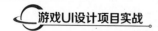

3.4.3 任务评价

完成领取按钮和立即参与按钮的绘制后，分别从填充、边框、对齐、间距、文字等角度对作品进行评价。具体评价标准如下。

（1）领取按钮的底色是否协调，过渡是否自然。

（2）按钮花纹颜色是否与背景协调，花纹间距是否一致。

（3）按钮花纹与四边的距离是否一致。

（4）按钮文字的属性是否合适，是否能清晰显示。

（5）按钮描边样式是否统一，颜色过渡是否自然。

（6）按钮投影效果和外发光效果是否合适。

（7）按钮边框的形状是否协调，底纹显示效果是否合理。

3.5 任务二　设计制作如意图标和星耀图标

本任务中将设计制作活动界面中的如意图标和星耀图标，按照实际工作流程分为绘制如意图标草图和基础图形、刻画如意图标光影效果、绘制星耀图标草图和为星耀图标草图上色4个步骤，制作完成的如意图标和星耀图标效果如图3-53所示。

图 3-53　如意图标和星耀图标效果

任务目标	了解游戏活动界面中图标的作用与分类； 能够理解图标明暗色调的规律； 掌握使用选区制作立体图标的方法； 掌握使用画笔工具绘制光影关系的方法； 培养学生的综合创新思维和知识拓展应用能力； 引导学生自觉传承中华优秀传统艺术，振兴国风游戏	 扫一扫观看演示视频
主要技术	选框工具、画笔工具、钢笔工具、加深工具、减淡工具、矢量图层蒙版、形状工具	
源文件	源文件 \ 项目三 \ 如意图标 .psd，星耀图标 .psd	
素材	素材 \ 项目三 \	

3.5.1 任务分析

本任务将绘制如意图标和星耀图标，为了帮助读者理解头像框的光影关系，下面学习一下绘画中"三面五调"的概念。

物体的形象在光的照射下，会产生明暗变化。光源一般有自然光、阳光、灯光（人造光）。由于光的照射角度不同，光源与物体的距离不同，物体的质地不同，物体面的倾斜方向不同，光源的性质不同，物体与画者的距离不同等，都将产生明暗色调的不同感觉。

在绘制游戏界面时，掌握物体明暗色调的基本规律非常重要，物体明暗色调的规律可归纳为"三面五调"。

1. 三面

三面是指物体受到光的照射后，呈现出不同的明暗。受光的一面称为亮面，侧受光的一面称为灰面，背光的一面称暗面，如图 3-54 所示。

灰面相当于物体的固有色。亮面是接受光照比较多的地方，所以固有色相对有所提亮。暗面是物体背光的地方，接受光照比较少，固有色相对比较暗。

2. 五调

调子是指画面不同明度的黑白层次，是面所反映的光的数量，也就是面的深浅程度。在三大面中，根据受光的强弱不同，还有很多明显的区别，形成了 5 个调子，如图 3-55 所示。

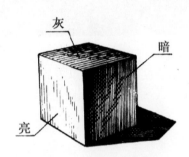

图 3-54　物体的"三面"

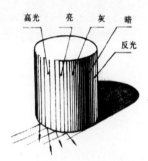

图 3-55　物体的"五调"

灰面是固有色面，比灰面更亮的面被细致地分为亮面和高光面，亮面比固有色稍浅一些，高光面接受光照最多，光线最充足，其颜色比亮面更浅一些，呈现出一种最亮的颜色。比灰面颜色深一点的面是暗面，暗面接受的光比较少，非常暗。由于暗面右侧的部分接受了一定的反光，其固有色的颜色比暗面稍亮一些，比灰面稍微深一些。

3.5.2　任务实施

步骤1　绘制如意图标草图和基础图形

Step 01 启动 Photoshop 软件，执行"文件"→"新建"命令，在弹出的"新建文档"对话框中设置文档的尺寸为 500×500 像素，如图 3-56 所示。使用"前景色"#898989 填充画布，效果如图 3-57 所示。

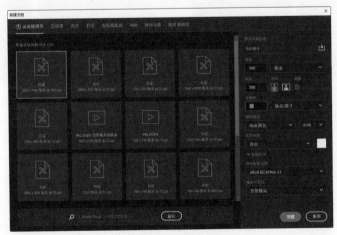

图 3-56　"新建文档"对话框

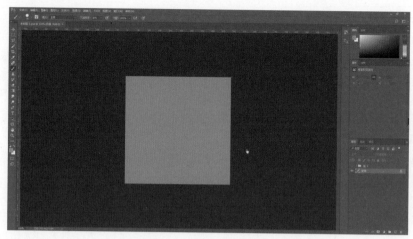

图3-57　用前景色填充画布

Step02 新建一个名为"轮廓稿"的图层，设置"前景色"为黑色，单击工具箱中"画笔工具"按钮，在选项栏中设置笔刷"大小"为2像素，使用"画笔工具"在画布中绘制图标轮廓，效果如图3-58所示。

提　示

　　在绘制图标轮廓稿时不要求轮廓线条有多么平滑、细致，只需把如意图标的形状表示出来即可。为了获得更好的视觉效果，在绘制如意时，绘制的图形要能够撑满一个圆形或者正方形。所以一般不会绘制纯正面或纯侧面的角度，通常会选择绘制半侧面角度或者倾斜角度。

Step03 新建一个名为"草稿"的图层，设置"前景色"为红色，使用"画笔工具"参考轮廓图绘制如意的草稿，绘制效果如图3-59所示。使用"画笔工具"和"橡皮擦工具"修改草稿，获得清晰、流畅、圆滑的草稿，如图3-60所示。

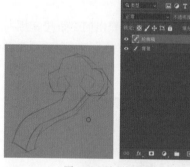

图3-58　绘制图标轮廓

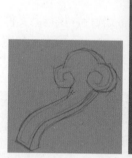

图3-59　绘制草稿

Step04 按住Ctrl键的同时单击"草稿"图层缩览图，将选区调出。设置"前景色"为黑色，按Alt+Delete组合键填充选区，按Ctrl+D组合键取消选区，效果如图3-61所示。

Step05 依次新建名称为"侧面""正面"和"勾线"的图层，选择"勾线"图层，设置填充颜色为#317a2d，笔刷"大小"为4，使用"画笔工具"沿草稿绘制精细轮廓，效果如图3-62所示。

技　巧

　　在勾勒外轮廓时，线条要粗一些；勾勒内轮廓时，线条要细一些。正面与侧面相交的线条也要粗一些。

图 3-60 修改草稿　　图 3-61 填充草稿颜色　　　　　图 3-62 绘制精细轮廓

Step06 选择"正面"图层，使用选框工具创建如图 3-63 所示的选区。设置"前景色"为 #8acd7a，按 Alt+Delete 组合键填充选区，效果如图 3-64 所示。选择"侧面"图层，使用"多边形套索工具"创建侧面选区，如图 3-65 所示。

图 3-63 创建选区　　　　图 3-64 填充选区　　　　图 3-65 创建侧面选区

Step07 设置"前景色"为 #4e995d，按 Alt+Delete 组合键填充选区，效果如图 3-66 所示。按 Ctrl+D 组合键取消选区。选择"正面"图层，单击"锁定透明像素"按钮，锁定图层透明区域，设置"前景色"为 #fbfab9，如图 3-67 所示。

图 3-66 填充侧面选区　　　　　　图 3-67 设置前景色

提 示

定义颜色的浅色和深色时，浅色的颜色要选择偏暖色的色相，深色的颜色要选择偏冷色的色相。比如本任务中，如意的固有色为浅绿色，其高光色应为偏暖色的黄色；阴影色应为偏冷色的绿色。

步骤2　刻画如意图标光影效果

Step01 使用"画笔工具"分别在如图 3-68 所示的位置绘制如意的高光。选择"侧面"图层

117

并锁定图层透明区域，设置"前景色"为#89d37a，使用"画笔工具"在如图3-69所示的位置绘制如意侧面的高光。

Step02 设置"前景色"为#326e4a，使用"画笔工具"在如图3-70所示的位置绘制如意侧面的阴影。在"正面"图层上新建"细致的高光"和"细致的阴影"两个图层并分别与"正面"图层创建剪贴蒙版，"图层"面板如图3-71所示。

图3-68　绘制高光　　图3-69　绘制侧面高光　　图3-70　绘制侧面阴影　　图3-71　"图层"面板

Step03 选择"细致的高光"图层，设置"前景色"为#fffed4，设置笔刷不透明度为30%，使用"画笔工具"沿轮廓在面对光源的位置绘制细致的高光，效果如图3-72所示。

Step04 继续使用"画笔工具"强调如意手柄位置的高光，效果如图3-73所示。选择"细致的阴影"图层，设置"前景色"为#327a2e，使用"画笔工具"沿轮廓在没有接受光照的位置涂抹，绘制如意的阴影，效果如图3-74所示。

Step05 在"侧面"图层上新建一个名为"细致的高光"的图层并与"侧面"图层创建剪贴蒙版，"图层"面板如图3-75所示。设置"前景色"为#aede8c，使用"画笔工具"强调顶部高光，效果如图3-76所示。

图3-72　绘制细致的高光　图3-73　强调手柄位置的高光　　图3-74　绘制如意的阴影　　图3-75　新建图层

Step06 设置"前景色"为#4e995d，使用"画笔工具"沿如意侧面轮廓绘制反光，效果如图3-77所示。选择"勾线"图层，使用"减淡工具"对高光区域的勾线进行涂抹，使用"加深工具"对阴影区域的勾线进行涂抹，效果如图3-78所示。

> **提　示**
>
> 在使用"减淡工具"和"加深工具"时，为了获得更自然的效果，建议将顶部选项栏中的"曝光度"设置为20%～30%。

Step07 选择"正面"图层上方的"细致的高光"图层，使用"吸管工具"吸取顶部高光色，沿底部勾线内轮廓绘制一圈高光，效果如图 3-79 所示。按 Ctrl+S 组合键，将文件以"如意图标 .psd"为名进行保存，效果如图 3-80 所示。

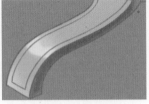

图 3-76 强调顶部高光　　　图 3-77 绘制反光　　　图 3-78 优化勾线效果　　图 3-79 细化内轮廓高光

Step08 将"背景"图层隐藏，"图层"面板如图 3-81 所示。按 Ctrl+A 组合键选择全部，再按 Ctrl+Shift+C 组合键合并复制。再按 Ctrl+N 组合键新建文件，再按 Ctrl+V 组合键粘贴，隐藏"背景"图层，效果如图 3-82 所示。

Step09 执行"文件"→"存储为"命令，将文件以"如意图标 .png"为名进行保存，效果如图 3-83 所示。

图 3-80 如意图效果　　　图 3-81 管理图层　　　图 3-82 隐藏"背景"　　图 3-83 存储为 PNG 格式文件
　　　　　　　　　　　　　　　　效果　　　　　　　　　图层效果

步骤3　绘制星耀图标草图

Step01 启动 Photoshop 软件，执行"文件"→"新建"命令，在弹出的"新建文档"对话框中设置文档的尺寸为 500×500 像素，如图 3-84 所示。使用"前景色"# 939393 填充画布，效果如图 3-85 所示。

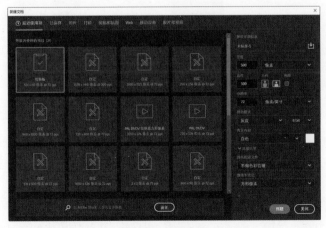

图 3-84 新建文档

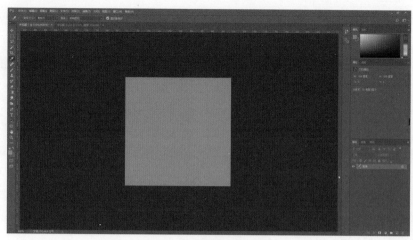

图 3-88　用前景色填充画布

Step02 新建一名为"轮廓稿"的图层，使用"画笔工具"绘制图标轮廓，效果如图 3-86 所示。使用"套索工具"选中星形轮廓，按住 Alt 键的同时拖曳复制两个，效果如图 3-87 所示。继续使用"画笔工具"绘制圆圈轮廓，效果如图 3-88 所示。

Step03 单击工具箱中的"椭圆工具"按钮，在选项栏中设置绘图模式为"路径"，参考轮廓稿，使用"椭圆工具"在画布中绘制一个椭圆工作路径，效果如图 3-89 所示。继续使用"椭圆工具"绘制中间小椭圆工作路径，效果如图 3-90 所示。

图 3-86　绘制按钮轮廓　　　图 3-87　选中并拖曳复制　　　图 3-88　绘制圆圈轮廓　　　图 3-89　绘制椭圆工作路径

Step04 参考轮廓稿，使用"钢笔工具"绘制一半光芒路径，如图 3-91 所示。按住 Alt 键的同时，使用"路径选择工具"拖曳复制路径，执行"编辑"→"变换"→"水平变换"命令，效果如图 3-92 所示。继续拖曳复制路径并垂直变换，效果如图 3-93 所示。

图 3-90　绘制中间小　　　图 3-91　绘制局部路径　　　图 3-92　复制并　　　图 3-93　复制并
椭圆工作路径　　　　　　　　　　　　　　　　　　　水平翻转路径　　　　　垂直翻转路径

Step05 继续使用"钢笔工具"绘制水平光芒路径，并分别进行水平和垂直复制，效果如图 3-94 所示。拖曳选中所有工作路径，拖曳复制两组并参考轮廓稿调整路径大小，如图 3-95 所示。

Step06 使用"椭圆工具"参考轮廓稿绘制多个椭圆路径，如图 3-96 所示。将"轮廓稿"图层隐藏并新建一个名为"草稿"的图层，"图层"面板如图 3-97 所示。

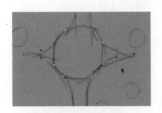
图 3-94 绘制光芒路径

图 3-95 复制工作路径

图 3-96 绘制多个椭圆路径

图 3-97 "图层"面板

Step07 单击工具箱中的"画笔工具"按钮,将鼠标移动到画布中并右击,在打开的面板中选择如图 3-98 所示的笔刷。

Step08 设置"前景色"为黑色,按住 Alt 键的同时单击"路径"面板底部的"用画笔描边路径"按钮,如图 3-99 所示。在弹出的"描边路径"对话框中选择"画笔"工具,单击"确定"按钮,描边效果如图 3-100 所示。

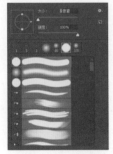
图 3-98 选择笔刷

图 3-99 单击"用画笔描边路径"按钮

图 3-100 画笔描边效果

步骤4 为星耀图标草图上色

Step01 新建一个名为"底色"的图层,"图层"面板如图 3-101 所示。使用"路径选择工具"单击选择最外部的圆形路径并转换为选区,如图 3-102 所示。设置"前景色"为 #31276c,按 Alt+Delete 组合键填充选区,效果如图 3-103 所示。

Step02 按 Ctrl+D 组合键取消选区。单击工具箱中的"加深工具"按钮,设置选项栏中的"曝光度"为 20%,如图 3-104 所示。将鼠标移动到圆形右下角位置,涂抹加深图形层次感,效果如图 3-105 所示。

图 3-101 新建图层

图 3-102 选择路径并转换为选区

图 3-103 填充选区效果

图 3-104 设置曝光度

Step03 在"底色"图层上新建一个名为"底色花纹"的图层并与"底色"图层创建剪贴蒙版,"图层"面板如图 3-106 所示。设置"前景色"为 #a481f9,使用"画笔工具"在右下角位置涂抹,效果如图 3-107 所示。修改图层"不透明度"为 34%,效果如图 3-108 所示。

图 3-105 增加图形　　　图 3-106 新建剪贴　　　图 3-107 绘制波浪效果　　　图 3-108 修改图层不
　　　　层次感　　　　　　　　蒙版图层　　　　　　　　　　　　　　　　　　　　　　透明度

Step04 新建一个名为"底色花纹 2"的图层并与"底色"图层创建剪贴蒙版,继续使用"画笔工具"绘制如图 3-109 所示的花纹效果。修改图层"不透明度"为 43%,效果如图 3-110 所示。

Step05 新建一个名为"底色花纹 3"的图层并与"底色"图层创建剪贴蒙版,继续使用"画笔工具"绘制如图 3-111 所示的花纹效果。修改图层"不透明度"为 34%,效果如图 3-112 所示。

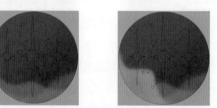

图 3-109 绘制花纹效果　　　　图 3-110 修改图层不透明度效果　　　　图 3-111 绘制花纹效果

Step06 新建一个名为"底色花纹 4"的图层并与"底色"图层创建剪贴蒙版,设置"前景色"为 #b44fc7,使用"画笔工具"在右上角绘制如图 3-113 所示的花纹效果。修改图层"不透明度"为 63%,效果如图 3-114 所示。

图 3-112 修改图层不透明度效果　　　图 3-113 绘制花纹效果　　　图 3-114 修改图层不透明度效果

Step 07 新建一个名为"底色花纹 5"的图层并与"底色"图层创建剪贴蒙版，设置"前景色"为 #d150c7，使用"画笔工具"在右侧绘制如图 3-115 所示的烟雾效果。

Step 08 新建一个名为"底色花纹 6"的图层并与"底色"图层创建剪贴蒙版，设置"前景色"为 #903ea6，设置笔刷"不透明度"为 20%，在左侧绘制如图 3-116 所示的薄薄的紫色烟雾效果。

Step 09 设置"前景色"为 #c2a5f7，使用"画笔工具"在左下角圆形边缘处涂抹，得到较亮的边缘效果，如图 3-117 所示。新建一个名为"圆形光晕"的图层，设置"前景色"为白色，参考草稿，使用"画笔工具"绘制如图 3-118 所示的光晕效果。

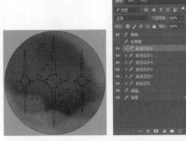
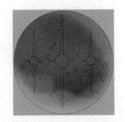

图 3-115　绘制右侧烟雾效果　　　图 3-116　绘制左侧烟雾效果　　　图 3-117　绘制较亮的边缘效果

Step 10 新建一个名为"横向光晕"的图层。设置"前景色"为 #4e60cf，设置笔刷"不透明度"为 20%，参考草稿，使用"画笔工具"绘制如图 3-119 所示的光晕效果。使用"矩形选框工具"选中光晕，复制并水平翻转，效果如图 3-120 所示。

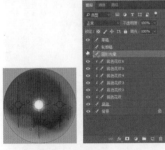

图 3-118　绘制圆形光晕　　　图 3-119　绘制光晕效果　　　图 3-120　复制并水平翻转光晕

Step 11 在"图层"面板中拖曳调整"横向光晕"图层到"圆形光晕"图层下方，如图 3-121 所示。光晕效果如图 3-122 所示。新建一个名为"竖向光晕"的图层，使用相同的方法制作竖向光晕，效果如图 3-123 所示。

图 3-121　调整图层顺序　　　图 3-122　光晕效果　　　图 3-123　绘制竖向光晕

Step 12 设置"前景色"为#b1b9ec，分别选中"横向光晕"图层和"竖向光晕"图层，在靠近中间白色光晕位置涂抹较浅的蓝色，效果如图3-124所示。新建一个名为"大十字星"的图层组，将3个光晕图层拖曳到图层组中，"图层"面板如图3-125所示。

图3-124　涂抹横向和竖向光晕效果

图3-125　管理图层

Step 13 将"大十字星"图层组拖曳到"创建图层"按钮上，复制一个"大十字星 拷贝"图层组，在复制图层组上右击，在弹出的快捷菜单中选择"转换为智能对象"命令，将复制图层组转换为智能对象，如图3-126所示。

Step 14 参考草稿，按住Alt键的同时使用"移动工具"拖曳复制"大十字星"图层组到左侧并缩小，完成后的效果如图3-127所示。

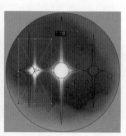

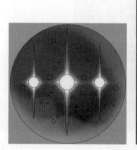

图3-126　将复制图层组转称为智能对象

图3-127　复制图层组

Step 15 在三个十字星图层组的下方新建一个名为"十字星的外发光"的图层，使用"吸管工具"吸取十字星中较浅的蓝色，使用"画笔工具"在十字星背后绘制光晕，效果如图3-128所示。

Step 16 设置"前景色"为#6c50c2，继续使用"画笔工具"在十字星背后涂抹，增加外发光的层次感，效果如图3-129所示。

Step 17 在所有图层的上方新建一个名为"高光点"的图层，设置"前景色"为白色，参考草稿，使用"画笔工具"绘制大小不一的高光点，效果如图3-130所示。

Step 18 单击工具箱中"橡皮擦工具"按钮，设置其"不透明度"为30%，使用"橡皮擦工具"随机擦拭光点，效果如图3-131所示。

Step 19 在"高光点"图层下方新建一个名为"高光点的外发光"的图层，使用"吸管工具"吸取十字星外发光颜色，使用"画笔工具"在高光点后面涂抹，效果如图3-132所示。

Step 20 单击"锁定透明像素"按钮，吸取高光点背景颜色，修改高光点的外发光颜色，完成后的效果如图3-133所示。

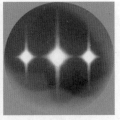

图 3-128　制作十字星的烟雾效果　　图 3-129　增加外发光的层次感　　图 3-130　绘制高光点

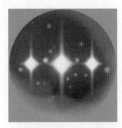

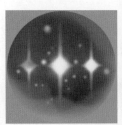

图 3-131　制作光点的浓淡变化　图 3-132　绘制高光点外发光　　　　图 3-133　修改外发光颜色

Step21 在所有图层上方新建一个名为"硬高光"的图层，设置"前景色"为 #fdf3fe，使用"画笔工具"在左上角绘制硬高光，效果如图 3-134 所示。

Step22 新建一个名为"硬高光 2"的图层，设置笔刷"不够明度"为 20%，使用较小的笔刷沿着硬高光的左上角绘制硬高光边缘，效果如图 3-135 所示。

提　示

星耀图标硬高光的重点在左侧，因此，硬高光的左侧应绘制得亮一些，并向右侧逐渐消失。

Step23 修改"硬高光 2"图层的"不透明度"为 24%，如图 3-136 所示。硬高光效果如图 3-137 所示。

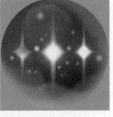
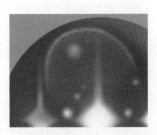

图 3-134　绘制硬高光效果　　　　图 3-135　绘制硬高光边缘　　　图 3-136　修改图层不透明度

Step24 在"图层"面板中选中所有与星耀图标有关的图层，单击"创建新组"按钮，将所选图层编组，修改图层组的名称为"星耀图标"，"图层"面板如图 3-138 所示。双击"星耀图标"图层组，为其添加"内发光"图层样式，设置"内发光"各项参数，如图 3-139 所示。

图 3-137　硬高光效果　　图 3-138　管理图层　　　　　　　　图 3-139　内发光样式参数

Step25 选择右侧的"外发光"复选框，设置"外发光"各项参数，如图 3-140 所示。单击"确定"按钮，外发光和内发光效果如图 3-141 所示。

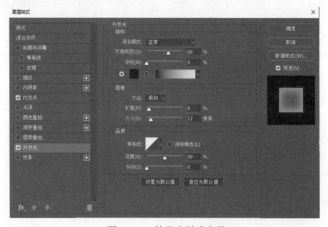
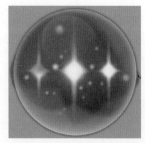

图 3-140　外发光样式参数　　　　　　　　图 3-141　外发光和内发光效果

提　示

由于在绘制时不会注意球体的边缘，因此在对整个图层组添加外发光时，球体外侧的像素也会自动添加外发光效果。

Step26 使用"路径选择工具"选择"路径"面板中"工作路径"最外面的大圆路径，如图 3-142 所示。按 Ctrl+C 组合键复制工作路径，选择"星耀图标"图层组，按住 Ctrl 键的同时单击"添加图层蒙版"按钮，添加矢量蒙版，如图 3-143 所示。

Step27 单击选中图层组上的矢量蒙版缩略图，如图 3-144 所示。按 Ctrl+V 组合键，制作圆形矢量蒙版，效果如图 3-145 所示。

Step28 按 Ctrl+S 组合键，将文件以"星耀图标 .psd"为名进行保存。在"星耀图标"图层组上右击，在弹出的快捷菜单中选择"快速导出为 PNG"命令，将文件导出为"星耀图标 .png"文件，如图 3-146 所示。

图 3-142 选择路径

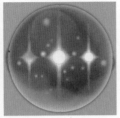

图 3-143 添加矢量蒙版

图 3-144 选择矢量蒙版缩略图

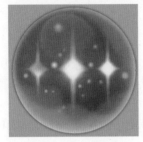

图 3-145 圆形矢量蒙版效果

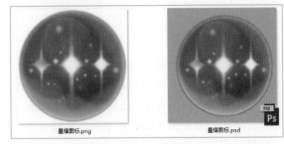

图 3-146 存储 PSD 格式文件并导出 PNG 格式文件

3.5.3 任务评价

（1）如意图标底部渐变是否和谐，搭配是否协调。

（2）如意图标色块与花纹衔接是否流畅，过渡是否均匀。

（3）如意图标光影效果处理得是否正确。

（4）星耀图标十字星是否圆润，高光线是否直，颜色渐变是否协调。

（5）星耀图标蓝色光晕是否有层次感，颜色过渡是否均匀。

（6）星耀图标外发光是否柔和，过渡是否自然。

（7）星耀图标高光形状是否正确，颜色是否合理。

3.6 任务三 设计制作并整合游戏活动界面

　　本任务将完成游戏活动界面的设计制作，并完成活动界面的整合输出，按照实际工作流程分为绘制活动界面底框、绘制活动界面功能按钮与装饰、设计制作活动界面升级信息、设计制作符灵详情元素和设计制作符灵描述元素 5 个步骤，游戏活动界面整合效果如图 3-147 所示。

图 3-147 游戏活动界面整合效果

127

任务目标	理解游戏活动界面不同元素的作用； 能够理解活动界面中手绘原画的作用； 掌握游戏界面通用元素的使用方法； 掌握整合界面元素并输出的方法； 培养学生的自主学习和自我管理能力； 培养学生的创新意识	
主要技术	图层样式、编辑选区、吸管工具、图层蒙版、横排文字工具、 分布对齐对象	扫一扫观看演示视频
源文件	源文件 \ 项目三 \ 活动界面 .psd	
素材	素材 \ 项目三 \	

3.6.1　任务分析

在设计本项目游戏活动界面时，首先要强调视觉中心的引导。当玩家打开如图 3-148 所示的游戏活动界面时，第一时间会被界面左侧的精美原画所吸引，从而激发玩家了解人物原画的冲动：这个漂亮的人物正在做什么？她有什么技能？

设计师在人物原画的左侧以文字的形式展示了人物的口号及技能，并且使用对比强烈的文字在人物原画底部显示了人物的等级和名称，如图 3-149 所示。

图 3-148　用精美人物原画吸引玩家

图 3-149　对人物进行说明

玩家了解了人物信息后，就会产生想要获得的心理，玩家的视线会被自然地引向右侧的区域。右侧区域整齐的排版效果能够帮助玩家由上向下快速了解获得人物的条件，如图 3-150 所示。

了解条件后，右侧的"立即参与"按钮和"阵容推荐"按钮就很自然地吸引玩家点击参与到活动中，如图 3-151 所示。

图 3-150　了解获得人物的条件

图 3-151　点击参与活动

一个游戏中通常包含多个界面，每个界面中的内容又各不相同，设计师可以对所有界面采用相似的配色方案，使大部分界面的色调基本保持一致，营造和谐统一的视觉氛围。

当前活动界面是项目一中"游戏开始界面"的后续界面，因此采用了与开始界面相似的配色方案。

活动界面中的"极品"文字的颜色与开始界面中游戏 Logo 文字的颜色一致；活动界面中口号底框的颜色、"领取"按钮的底色和"立即参与"按钮的底色与开始界面中"进入游戏"按钮的颜色相似。活动界面中大面积的暗金色与开始界面中 Logo 和云彩的颜色保持一致，如图 3-152 所示。

图 3-152　同一个游戏中的不同界面采用相似的配色方案

提 示

活动界面中的颜色与游戏中其他界面中的颜色相互呼应，当玩家在不同的界面中跳转时，不会因为色彩跳跃而觉得突兀。

除此之外，活动界面中标题框的底纹与开始界面中选择服务器框按钮底纹的造型也是一致的，如图 3-153 所示。

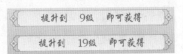

图 3-153　同一个游戏中的不同界面采用相同的造型

3.6.2　任务实施

步骤1　绘制活动界面底框

Step01 启动 Photoshop 软件，将"背景图 .jpg"文件打开，效果如图 3-154 所示。新建一个名为"半透明黑色"的图层并填充黑色，设置图层"不透明度"为 70%，效果如图 3-155 所示。

图 3-154　打开文件

图 3-155　添加半透明黑色图层

129

Step02 将"线框图.jpg"拖曳到"背景图.jpg"文件中,修改其图层"不透明度"为27%,效果如图3-156所示。

图3-156　使用线框图并修改不透明度

Step03 新建一个名为"草稿"的图层,设置"前景色"为白色,设置笔刷大小为2像素,参考线框图,使用"画笔工具"绘制活动界面草稿,如图3-157所示。将"线框图"隐藏,活动界面草稿效果如图3-158所示。

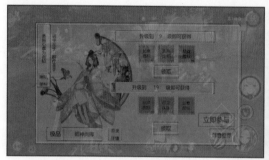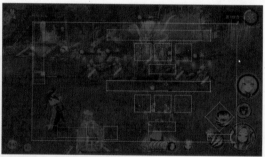

图3-157　绘制活动界面草稿　　　　　　　　图3-158　隐藏线框图后的效果

Step04 参考草稿,将素材和已制作完成的图标和按钮合成到活动界面中,合成后的界面效果如图3-159所示。

图3-159　合成已有素材、图标和按钮

提　示

在活动界面中,9级很容易达到,因此放置领取按钮的激活状态;19级相对较难达到,因此放置了领取按钮的未激活状态。

Step05 在"半透明黑色"图层上新建一个名为"矩形底框"的图层,使用"矩形选框工具"拖曳创建如图 3-160 所示的矩形选框。使用"画笔工具"为矩形选框填充从 #d09b72 到 #743f43 的渐变背景,效果如图 3-161 所示。

图 3-160　创建矩形选框

图 3-161　为矩形选框填充渐变

技　巧

在绘制游戏界面背景时,很少使用纯色作为背景色。因为纯色背景太过单调。通常会使用渐变或者底纹作为界面的背景,起到增加界面层次、丰富界面内容的作用。

Step 06 新建一个名为"圆形底框"的图层并与"矩形底框"图层创建剪贴蒙版,如图 3-162 所示。使用"椭圆选框"工具,创建如图 3-163 所示的椭圆选框。

提　示

设计活动界面时,可以使用不同的底框将界面中的实际内容区域与其他不重要的区域区分出来,便于玩家阅读。

Step 07 使用"渐变工具"为椭圆选框填充从 #fae7bb 到 #dd9979 的线性渐变,效果如图 3-164 所示。隐藏"草稿"图层,为"椭圆底框"图层添加"描边"图层样式,描边样式参数设置如图 3-165 所示。

图 3-162　新建图层并创建
剪贴蒙版

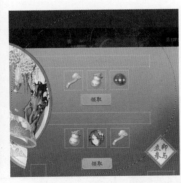

图 3-163　创建椭圆选框

图 3-164　填充线性渐变

Step 08 单击"确定"按钮,描边效果如图 3-166 所示。在"圆形底框"下方新建一个名为"圆形花纹"的图层,如图 3-167 所示。

Step 09 按住 Ctrl 键的同时单击"圆形底框"图层缩览图,调出圆形选框,执行"选择"→"修改"→"扩展"命令,在弹出的"扩展选区"对话框中设置参数,如图 3-168 所示。单击"确定"按钮,扩展选区效果如图 3-169 所示。

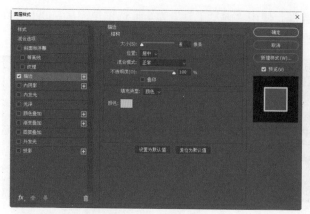

图 3-165　描边样式参数

图 3-166　描边图层样式效果

图 3-167　新建图层

图 3-168　设置选区"扩展量"

图 3-169　扩展选区效果

Step10 使用"画笔工具"在"圆形花纹"图层中涂抹上方为浅棕色、下方为深土红色的渐变效果，如图 3-170 所示。在"圆形花纹"图层下方新建一个名为"圆形花纹 2"的图层，如图 3-171 所示。

Step11 使用"吸管工具"分别吸取画面中的浅黄色、浅粉色或者浅土红色，使用"画笔工具"沿着圆形底框绘制断断续续的涟漪花纹，效果如图 3-172 所示。

Step12 在"矩形底框"上方新建一个名为"花纹"的图层，将"前景色"设置为较深的土红色，在左侧绘制山峰图案，效果如图 3-173 所示。

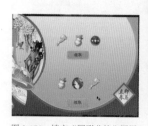

图 3-170　填充"圆形花纹"图层

图 3-171　新建图层

图 3-172　绘制涟漪花纹

图 3-173　绘制山峰图案

为了确保获得更好的涟漪花纹效果，设计师可以先绘制一个与涟漪花纹等大的圆形工作路径，然后使用"画笔工具"沿着工作路径绘制，确保绘制出标准的圆弧形状。

Step13 为"花纹"图层添加图层蒙版，设置"前景色"为黑色，使用半透明的"画笔工具"修饰图案边缘，效果如图 3-174 所示。

Step14 在"花纹"图层上方新建一个名为"云纹"的图层，设置"前景色"为白色，使用"画笔工具"绘制"S"形云纹，效果如图 3-175 所示。

图 3-174　修饰图案边缘

图 3-175　绘制白色云纹

Step15 修改"云纹"图层的"不透明度"为 26%，效果如图 3-176 所示。在"圆形花纹 2"图层上方新建一个名为"光晕"的图层，设置"前景色"为 #daa14f，使用"画笔工具"在"立即参与"按钮后面绘制光晕效果，如图 3-177 所示。

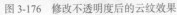

图 3-176　修改不透明度后的云纹效果

图 3-177　绘制光晕效果

光晕衬在"立即参与"按钮下方即可，效果不用绘制得太浓，要有若有若无的效果。

Step16 新建一个名为"底框"的图层组，将"图层"面板中与底框有关的图层放置在其中，"图层"面板如图 3-178 所示。为该图层组添加"内发光"图层样式，设置内发光各项参数，如图 3-179 所示。

Step17 单击"确定"按钮，底框内发光效果如图 3-180 所示。单击工具箱中的"矩形工具"按钮，在"底框"图层下方绘制一个如图 3-181 所示的矩形形状。

图 3-178　管理图层

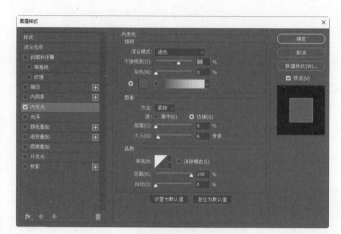

图 3-179　内发光样式参数

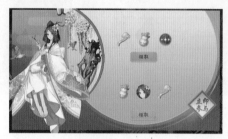

图 3-180　底框内发光效果

图 3-181　绘制矩形形状

提　示

　　为了获得更好的视觉效果，绘制的白色矩形形状四周距离中间底框矩形的距离要相等。

　　Step18 修改"矩形 1"图层的"不透明度"为 0%，为其添加"描边"图层样式，描边样式参数如图 3-182 所示。单击"确定"按钮，描边效果如图 3-183 所示。

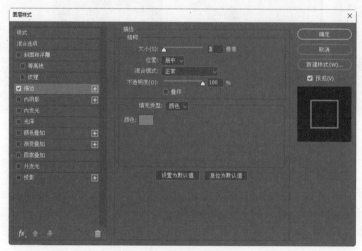

图 3-182　描边图层样式参数

　　Step19 新建一个名为"大底框"的图层组，将"底框"图层组和"矩形 1"图层放置在其中，"图层"面板如图 3-184 所示。完成后的活动界面底框效果如图 3-188 所示。

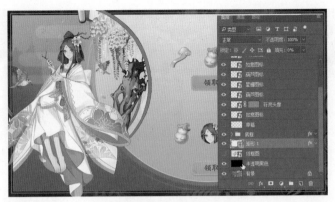

图 3-183 描边效果

图 3-184 管理图层

图 3-185 活动界面底框效果

步骤2 绘制活动界面功能按钮与装饰

Step 01 选择"草稿"图层。使用"画笔工具"修改关闭按钮草稿，效果如图 3-186 所示。使用"橡皮擦工具"将多余线条擦除，效果如图 3-187 所示。

Step 02 参考左侧的云纹效果，使用"画笔工具"绘制如图 3-188 所示的云纹草稿。新建一个名为"关闭按钮"的图层，参考草稿，使用"钢笔工具"绘制如图 3-189 所示的蝴蝶翅膀路径。

图 3-186 修改关闭
按钮草稿

图 3-187 擦除多余线条

图 3-188 绘制云纹草稿

图 3-189 绘制蝴蝶
翅膀路径

提 示

由于关闭按钮图标是对称的，因此只需要绘制四分之一的路径，然后通过复制并水平或垂直翻转来得到完整的路径。

Step 03 复制路径并水平翻转，制作右侧路径，效果如图 3-190 所示。继续复制路径并垂直翻转，制作下方路径，效果如图 3-191 所示。使用"钢笔工具"将 4 段路径连接成为一个封闭路径，如图 3-192 所示。

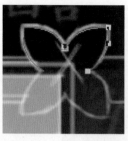 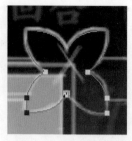 

图 3-190　制作右侧路径　　　图 3-191　制作下方路径　　　图 3-192　连接 4 段路径

Step04 按 Ctrl+Enter 组合键将路径转换为选区，效果如图 3-193 所示。使用"画笔工具"为选区填充从 # 673944 到 #946b78 的线性渐变效果，如图 3-194 所示。按 Ctrl+D 组合键取消选区。

提　示

为了使界面效果和谐统一，在选择颜色时，尽量选择当前界面中已有的颜色。同时注意左右两侧、上下两部分的对称与呼应。

Step05 按 Ctrl+J 组合键复制"关闭按钮"图层，按 Ctrl+T 组合键缩小图像并填充从 #dfb875 到 #e6d0a0 的线性渐变，效果如图 3-198 所示。使用"橡皮工具"在图形中心位置擦拭出菱形镂空，效果如图 3-196 所示。

图 3-193　将路径转换为选区　　图 3-194　填充选区效果　　图 3-195　复制图形并　　图 3-196　制作镂空效果
　　　　　　　　　　　　　　　　　　　　　　　　　　　　　填充渐变

Step06 选择"关闭按钮"图层，为其添加"投影"图层样式，设置各项参数如图 3-197 所示。投影效果如图 3-198 所示。

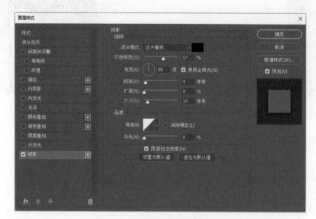 

图 3-197　投影样式参数　　　　　　　　　　　　图 3-198　投影效果

Step07 选择"关闭按钮 拷贝"图层，为其添加"外发光"图层样式，设置各项参数如图 3-199 所示，外发光效果如图 3-200 所示。

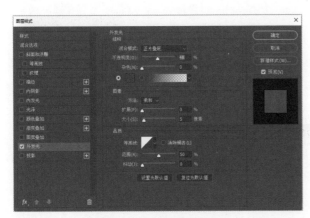

图 3-199　外发光样式参数

图 3-200　外发光效果

Step08 设置"前景色"为白色，参考草稿，使用"钢笔工具"绘制云纹形状图形，效果如图 3-201 所示。

图 3-201　绘制云纹形状图形

Step09 修改图层名称为"云纹"并调整到"关闭按钮"图层下方，"图层"面板如图 3-202 所示。为该图层添加"外发光"图层样式，外发光参数如图 3-203 所示。

图 3-202　调整图层顺序

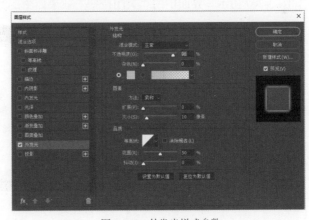

图 3-203　外发光样式参数

Step10 单击"确定"按钮，外发光效果如图 3-204 所示。新建一个名为"云纹"的图层组，将"云纹"图层拖曳到该图层组中，如图 3-205 所示。

> **提　示**
>
> 　　直接为"云纹"图层添加蒙版并涂抹，制作渐隐云纹效果，涂抹到的位置也会出现外发光效果。将图层放置在图层组中，再对图层组添加蒙版并涂抹，可完美地解决这个问题。

Step11 为"云纹"图层组添加图层蒙版，设置"前景色"为黑色，使用"画笔工具"在云纹头部和尾部涂抹，实现渐隐效果，如图 3-206 所示。

图 3-204　外发光样式效果　　　　　　　　　　　图 3-205　创建图层组

图 3-206　涂抹实现渐隐效果

Step 12 新建一个名为"关闭按钮"的图层组，将所有相关图层拖曳到新建的图层组中，"图层"面板如图 3-207 所示。界面中的"关闭按钮"效果如图 3-208 所示。

图 3-207　管理图层　　　　　　　　　　　　图 3-208　"关闭按钮"效果

步骤3　设计制作活动界面升级信息

Step 01 将"选择服务器框 .psd"文件打开，效果如图 3-209 所示。将鼠标移动到"选择服务器底框"图层组上，按住鼠标左键并拖动，将图层组拖曳到活动界面中，如图 3-210 所示。

图 3-209　打开素材图　　　　　　　　　　图 3-210　拖曳底框到活动界面中

Step 02 按 Ctrl+E 组合键，将"选择服务器底框"图层组合并。参考草稿，按 Ctrl+T 组合键，等比例缩放底框并调整到如图 3-211 所示的位置。使用"矩形选框工具"创建如图 3-212 所示的选区。

Step 03 按住 Shift 键的同时，使用"移动工具"拖曳选区内容到如图 3-213 所示的位置。使用"矩形选框"选中底框中间部分并自由变换，效果如图 3-214 所示。

图 3-211 等比例缩放底框

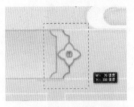
图 3-212 创建选区

图 3-213 拖曳选区内容

Step 04 确认变换后，使用"横排文字工具"在画布中单击并输入文字，在"字符"面板中设置文字的各项参数，效果如图 3-215 所示。

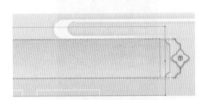
图 3-214 选中底框中间部分并自由变换

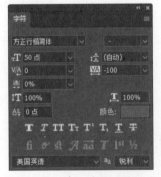
图 3-215 输入文字内容

Step 05 选中"选择服务器底框"图层，使用"多边形套索工具"创建如图 3-216 所示的选区。

提 示

创建选区时，可以按 Q 键，进入快速蒙版状态。通过在快速蒙版状态中进行编辑，快速获得想要的选区。

Step 06 按 Ctrl+L 组合键打开"色阶"对话框，设置各项参数如图 3-217 所示。单击"确定"按钮，底框效果如图 3-218 所示。

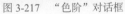
图 3-216 创建选区

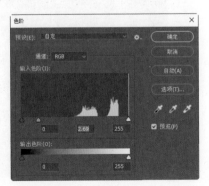
图 3-217 "色阶"对话框

图 3-218 调整色阶后的底框效果

Step07 修改"选择服务器底框"图层的名称为"万能底框",新建一个名为"9级"的图层组,将相关图层拖曳到该图层组中,"图层"面板如图 3-219 所示。复制"9级"图层组并拖曳到如图 3-220 所示的位置。

图 3-219　管理图层　　　　　　　　　图 3-220　复制图层组

Step08 修改复制后的图层组中的文字内容,如图 3-221 所示。修改复制后的图层组的名称为"19级","图层"面板如图 3-222 所示。

图 3-221　修改文字内容　　　　　　　　图 3-222　修改图层名称

Step09 参考草稿,使用"矩形工具"在"如意图标"图层下拖曳绘制一个矩形形状,设置填充颜色为 #587281,描边颜色为无,效果如图 3-223 所示。为图层添加"描边"图层样式,描边样式参数如图 3-224 所示。

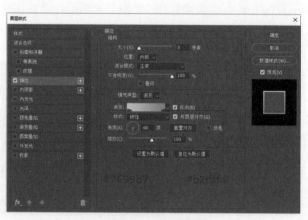

图 3-223　绘制矩形图形　　　　　　　　图 3-224　描边样式参数

Step 10 选择左侧的"内发光"复选框，设置内发光样式各项参数，如图 3-225 所示。选择"外发光"复选框，设置外发光样式各项参数，如图 3-226 所示。

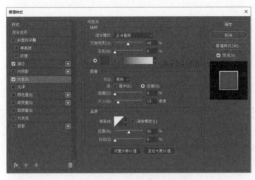

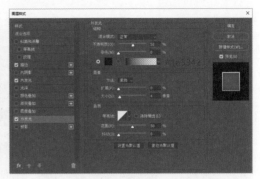

图 3-225　内发光样式参数　　　　　　　　图 3-226　外发光样式参数

Step 11 单击"确定"按钮，道具框效果如图 3-227 所示。修改"矩形 1"图层的名称为"蓝色道具框"。按住 Alt 键的同时使用"移动工具"拖曳复制道具框，效果如图 3-228 所示。

图 3-227　道具框效果　　　　　　　图 3-228　复制道具框

Step 12 将"星耀图标"下方道具框图层的名称修改为"紫色道具框"，如图 3-229 所示。修改填充颜色为 # 715484，效果如图 3-230 所示。

Step 13 修改该图层的"描边"样式颜色为从 # b37fc7 到 # c17dd0。修改"内发光"样式颜色为 # 662664。修改"外发光"样式颜色为 # 421a3b，效果如图 3-231 所示。使用"移动工具"拖曳复制底框到下部图标底部，效果如图 3-232 所示。

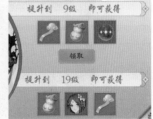

图 3-229　修改图层名称　图 3-230　修改矩形填充颜色　图 3-231　修改底框样式效果　　图 3-232　复制底框

Step14 使用"横排文字工具"在道具框右下角输入文字内容，如图 3-233 所示。为"9"文字图层添加"描边"图层样式，设置描边样式参数，如图 3-234 所示。

图 3-233　输入文字内容

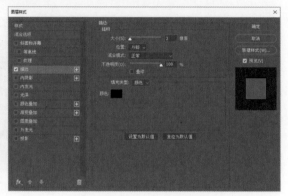
图 3-234　设置描边样式参数

> **提 示**
>
> 　　由于文字要应用到不同颜色的道具框上，为了获得"百搭"的视觉效果，文字的颜色和样式不易设置得过于花哨，简单、干净即可。

Step15 单击"确定"按钮，描边效果如图 3-235 所示。按住 Alt 键的同时，使用"移动工具"拖曳复制文字到其他底框上，完成后的效果如图 3-236 所示。

图 3-235　文字描边效果

图 3-236　复制文字到其他底框上

> **提 示**
>
> 　　完成升级信息的制作后，观察界面中的图片是否对齐、间隔是否整齐。可以根据实际绘制情况调整界面元素的位置和间隔，从而获得最好的视觉效果。

Step16 新建一个名为"升级信息"的图层组，将相关图层拖曳到新建的图层组中，"图层"面板如图 3-237 所示，界面效果如图 3-238 所示。

图 3-237　管理图层

图 3-238　升级信息界面效果

步骤4 设计制作符灵详情元素

Step01 参考草稿,使用"圆角矩形工具"绘制一个"圆角半径"为18像素的圆角矩形,修改"填充颜色"为#4f2914,效果如图3-239所示。为图层添加"描边"图层样式,设置描边样式参数如图3-240所示。

图3-239 绘制圆角矩形

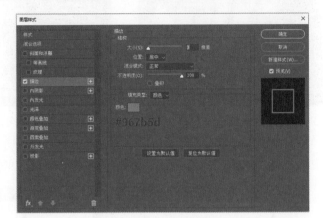

图3-240 描边样式参数

Step02 单击"确定"按钮,描边效果如图3-241所示。使用"横排文字工具"在画布中输入文字,效果如图3-242所示。

图3-241 描边效果

图3-242 输入文字

Step03 为文字图层添加黑色"描边"样式,效果如图3-243所示。使用"椭圆工具"绘制两个如图3-244所示的圆形形状。

Step04 新建一个名为"阵容推荐"的图层组,将相关图层拖曳到新建的图层组中,"图层"面板如图3-245所示。选择"草稿"图层,使用"画笔工具"修改图标草稿,如图3-246所示。

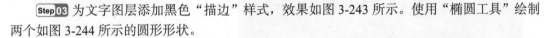

图3-243 描边效果

图3-244 绘制装饰图形

图3-245 管理图层

Step05 使用"橡皮擦工具"擦除多余的线条，如图 3-247 所示。继续使用"画笔工具"和"橡皮擦工具"修改右侧草稿，效果如图 3-248 所示。

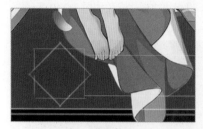

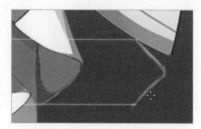

图 3-246　绘制图标草稿　　　　图 3-247　擦除多余的线条　　　　图 3-248　修改右侧草稿

Step06 设置"前景色"为白色，参考草稿，使用"钢笔工具"绘制如图 3-249 所示的形状图形。按 Ctrl+J 组合键复制图层，按 Ctrl+T 组合键缩放复制的图形，如图 3-250 所示。

图 3-249　绘制形状图形　　　　　　　　　图 3-250　缩放复制的图形

提 示

　　等比例缩小图形时，需要注意复制的图形四边与原始图形的距离要相等。以获得最佳的视觉效果。可以使用"路径选择工具"拖曳调整锚点来调整图形的位置。

Step07 修改"形状 1 拷贝"图层的"填充"不透明度为 0%，为其添加"描边"图层样式，描边样式各项参数设置如图 3-251 所示。单击"确定"按钮，描边效果如图 3-252 所示。

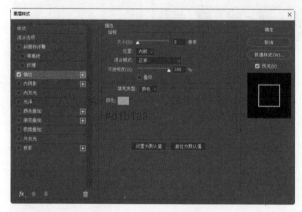

图 3-251　描边样式参数　　　　　　　　　图 3-252　描边效果

Step08 使用"横排文字工具"在画布中输入"符灵"的名称，效果如图 3-253 所示。新建一个名为"花纹"的图层，使用"矩形工具"绘制如图 3-254 所示的装饰图案。

Step09 新建一个名为"符灵名称"的图层组，将所有相关图层拖曳到新建的图层组中，"图层"面板如图 3-255 所示。参考草稿，使用"矩形工具"绘制矩形并旋转 45°，效果如图 3-256 所示。

Step10 为矩形图层添加"渐变叠加"图层样式，设置渐变叠加样式参数，如图 3-257 所示。效果如图 3-258 所示。

图 3-253　输入"符灵"的名称　　　　图 3-254　绘制装饰图案　　图 3-255　管理图层

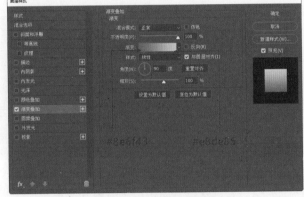

图 3-256　绘制矩形形状　　　　　图 3-257　渐变叠加样式参数　　　　　图 3-258　渐变叠加效果

Step 11 选择左侧的"外发光"复选框，设置外发光样式参数，如图 3-259 所示。单击
"确定"按钮，外发光效果如图 3-260 所示。

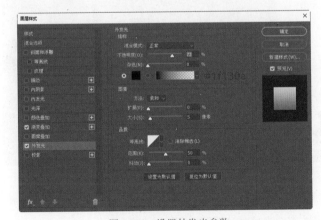

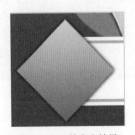

图 3-259　设置外发光参数　　　　　　　　　　　图 3-260　外发光效果

Step 12 按 Ctrl+J 组合键复制"矩形 2"图层，按 Ctrl+T 组合键缩小图形，删除图层样式并
修改填充颜色为 # 4a382a，效果如图 3-261 所示。为该图层添加"内发光"图层样式，内发光
样式参数设置如图 3-262 所示。

Step 13 单击"确定"按钮，内发光效果如图 3-263 所示。使用"横排文字工具"在画布中
单击并输入文字，效果如图 3-264 所示。

图 3-261 复制并修改图形

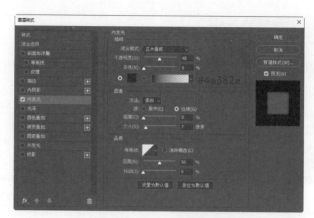

图 3-262 内发光样式参数

图 3-263 内发光效果

图 3-264 输入文字

Step14 拖曳选中"品"字，在"字符"面板中"设置基线偏移"，效果如图 3-265 所示。为文字添加"渐变叠加"图层样式，设置渐变叠加样式参数，如图 3-266 所示。

图 3-265 设置基线偏移

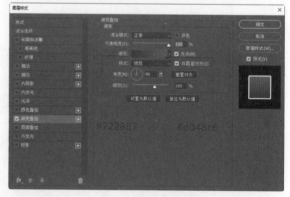

图 3-266 渐变叠加样式参数

Step15 选择左侧的"描边"复选框，设置描边样式参数，如图 3-267 所示。单击"描边"样式右侧的 图标，再为图层添加一层描边，设置描边参数如图 3-268 所示。

Step16 单击"确定"按钮，文字效果如图 3-269 所示。新建一个名为"品级"的图层组，将所有相关图层拖曳到新建的图层组中，"图层"面板如图 3-270 所示。

> **提示**
>
> 在方形按钮的旁边或下方绘制按钮时，建议新按钮采用圆润风格，这样可以很好地中和方形按钮的棱角感。

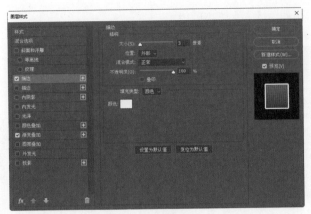

图 3-267 添加描边效果

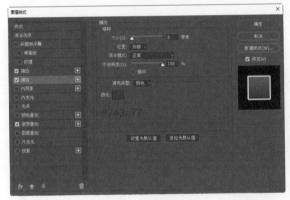

图 3-268 再次添加描边效果

图 3-269 文字效果

图 3-270 管理图层

步骤5 设计制作符灵描述元素

Step01 参考草稿，使用"椭圆工具"绘制一个椭圆形状，效果如图 3-271 所示。为图层添加"渐变叠加"样式，设置渐变叠加样式参数，如图 3-272 所示。

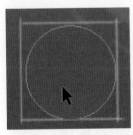

图 3-271 绘制椭圆形状

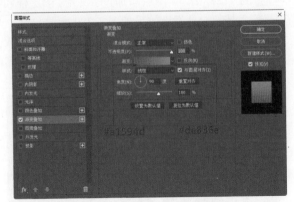

图 3-272 设置渐变叠加样式参数

Step02 选择左侧的"描边"复选框，设置描边样式参数，如图 3-273 所示。单击"确定"按钮，描边效果如图 3-274 所示。

Step03 新建一个名为"图标花纹"的图层，分别设置"前景色"为 # fee9be，使用"画笔工具"绘制如图 3-275 所示的花纹。新建一个名为"图标吊坠"的图层，设置"前景色"为 #fdfce0，使用"画笔工具"绘制如图 3-276 所示的吊坠。

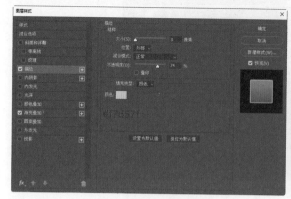

图 3-273　设置描边样式参数

图 3-274　描边效果

图 3-275　绘制花纹

Step 04 为"图标花纹"图层添加"外发光"图层样式，外发光样式参数设置如图 3-277 所示，外发光效果如图 3-278 所示。

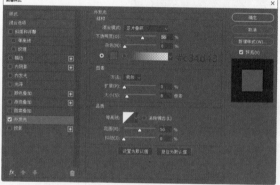

图 3-276　绘制吊坠　　　　　图 3-277　外发光样式参数　　　　　图 3-278　图标花纹外发光效果

Step 05 为"图标吊坠"图层添加"外发光"图层样式，外发光样式参数设置如图 3-279 所示。单击"确定"按钮，外发光效果如图 3-280 所示。

Step 06 使用"横排文字工具"在画布中单击并输入文字，效果如图 3-281 所示。复制"图标花纹"图层的"外发光"样式并粘贴样式到文字图层中，效果如图 3-282 所示。

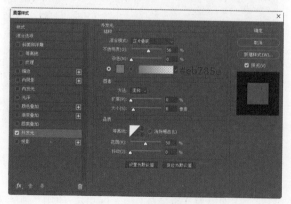

图 3-279　外发光样式参数　　　　　　　　图 3-280　图标吊坠外发光效果

Step07 新建一个名为"符灵详情"的图层组，将相关图层拖曳到新建的图层组中，"图层"面板如图 3-283 所示。参考草稿，使用"圆角矩形工具"创建一个"圆角半径"为 4 像素的圆角矩形，设置其填充颜色为 #a54843，效果如图 3-284 所示。

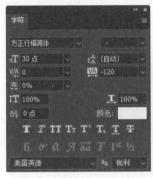   

图 3-281　输入文字　　　　图 3-282　复制粘贴图层样式　　图 3-283　管理图层

Step08 使用"矩形工具"在圆角矩形上方绘制一个如图 3-285 所示的矩形。设置矩形图层的"填充"不透明度为 0%，为图层添加"描边"图层样式，描边样式各项参数设置如图 3-286 所示。单击"确定"按钮，描边效果如图 3-287 所示。

 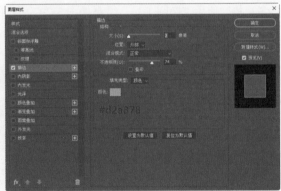 

图 3-284　绘制圆角矩形　图 3-285　绘　　　　　图 3-286　描边样式参数　　　　　　图 3-287　描
　　　　　　　　　　　制矩形　　　　　　　　　　　　　　　　　　　　　　　　　　　　　边效果

Step09 使用"直排文字工具"在矩形上输入如图 3-288 所示的口号文字。继续使用"直排文字工具"在右侧输入描述技能文字，效果如图 3-289 所示。

 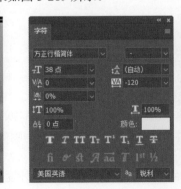

图 3-288　输入口号文字　　　　　　　　图 3-289　输入技能文字

在浅色背景上输入文字时，应使用颜色更浅的文字。为了使背景与文字拉开差距，可以为文字添加深色描边或深色外发光效果。

Step 10 为技能文字图层添加"外发光"图层样式，设置外发光图层样式各项参数，如图 3-290 所示。单击"确定"按钮，外发光效果如图 3-291 所示。

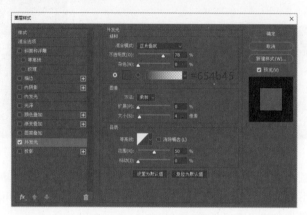

图 3-290　外发光样式参数

图 3-291　外发光文字效果

Step 11 参考草稿，使用"椭圆工具"绘制如图 3-292 所示的圆形形状。为圆形图层添加"渐变叠加"图层样式，设置渐变叠加样式参数，如图 3-293 所示。

图 3-292　绘制圆形形状

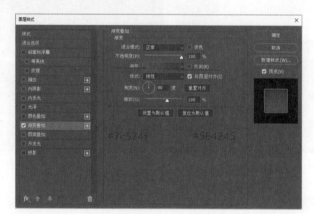

图 3-293　渐变叠加样式参数

喇叭图标在整个活动界面中并不重要，因此颜色不用太突出，可以选择与背景色接近的颜色作为主色。

Step 12 选择左侧的"描边"复选框，设置描边样式参数，如图 3-294 所示。选择"内发光"复选框，设置内发光样式参数，如图 3-295 所示。

Step 13 单击"确定"按钮，图形效果如图 3-296 所示。新建一个名为"图标"的图层，使用形状工具绘制如图 3-297 所示的喇叭图标。为喇叭图标添加"渐变叠加"图层样式，设置渐变叠加样式参数，如图 3-298 所示。

Step 14 选择左侧的"外发光"复选框，设置外发光样式参数，如图 3-299 所示。单击"确定"按钮，喇叭图标效果如图 3-300 所示。

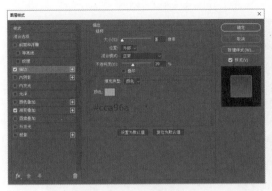

图 3-294 描边样式参数

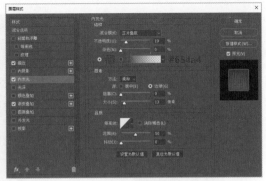

图 3-295 内发光样式参数

图 3-296 圆形效果

图 3-297 绘制喇叭图标

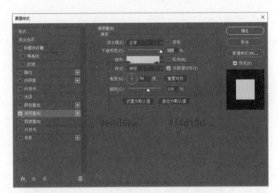

图 3-298 渐变叠加样式参数

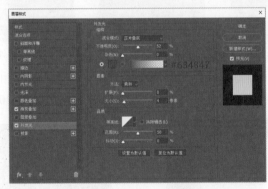

图 3-299 外发光样式参数

图 3-300 喇叭图标效果

Step 15 在"图标"图层下方新建一个名为"花纹"的图层，使用"钢笔工具"绘制路径并转换选区，使用 #241313 填充选区，效果如图 3-301 所示。修改图层的"填充"不透明度为 8%，为其添加"外发光"图层样式，外发光样式各项参数设置如图 3-302 所示。

提 示

为了便于观察绘制的花纹效果，可将"图标"图层暂时隐藏。

技 巧

用户可以通过复制右上角的"关闭按钮"图标花纹来制作喇叭花纹，也可以采用先调出"关闭按钮"花纹选区，然后再填色的方式。

图 3-301　绘制花纹

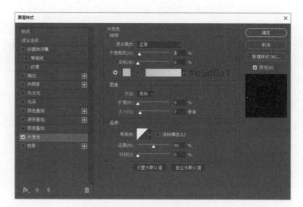

图 3-302　外发光样式参数

Step16 单击"确定"按钮，花纹外发光效果如图 3-303 所示。新建一个名为"喇叭图标"的图层组，将相关图层拖曳到该图层组中，"图层"面板如图 3-304 所示。新建一个名为"符灵描述"的图层组，将相关图层拖曳到该图层组中，"图层"面板如图 3-305 所示。

图 3-303　花纹外发光效果

图 3-304　管理图层

图 3-305　管理图层

Step17 按 Ctrl+S 组合键，将文件以"活动界面 .psd"为名进行保存，完成效果如图 3-306 所示。按 Shift+Ctrl+S 组合键，将文件以"活动界面 .jpg"为名进行保存，效果如图 3-307 所示。

图 3-306　活动界面最终效果

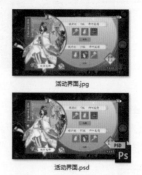

图 3-307　另存为 JPG 格式文件

提　示

　　将游戏界面存储为PSD格式文件，可以方便设计师随时修改设计方案。将游戏界面存储为JPG格式文件，可以方便开发人员在开发过程中参考观察。

3.6.3　任务评价

（1）活动界面布局是否合理，主题是否突出。

（2）活动界面色调是否统一，对比是否强烈。

（3）文字是否能清晰显示，是否与底框对齐。

（4）符灵品级、符灵名称、符灵等级等元素与背景是否协调。

（5）右侧活动详情图标的排列方式是否合适。

（6）右下角的阵容推荐按钮是否能清晰显示，是否便于阅读。

3.7　项目小结

本项目通过 3 个任务完成了游戏活动界面的设计制作，详细讲解了使用 Photoshop 绘制游戏活动界面中不同元素的方法和技巧，帮助读者了解游戏活动界面设计制作规范的同时，使读者掌握游戏界面输出和存储的要点。通过本项目的学习，读者应掌握设计制作游戏活动界面的流程和方法，以及输出文件的方法和技巧。

通过完成本项目游戏活动界面的设计制作，帮助读者了解中国传统纹理和传统服饰文化，注重挖掘其中的思政教育要素，积极弘扬中华美育精神，引导读者自觉传承中华优秀传统艺术，增强文化自信。

3.8　课后测试

完成本项目学习后，接下来通过几道课后测试，检验一下对"设计制作游戏活动界面"的学习效果，同时加深对所学知识的理解。

3.8.1　选择题

在下面的选项中，只有一个是正确答案，请将其选出来并填入括号内。

1）为了确保游戏正常运行，不断地吸引新玩家加入，游戏经常会（　　）。

A. 进行商品促销

B. 进行返现活动

C. 开展各种丰富的活动

D. 赠送礼品

2）活动界面是游戏为了增加趣味性、吸引人气、提高用户黏度而推出的（　　）、有主题性的活动。

A. 有时效性

B. 全年有效

C. 随时参与

D. 以上都对

3）下列选项中，不属于游戏活动弹窗界面元素的是（　　）。

A. 弹窗标题

B. 弹窗内容

C. 装饰图案

D. 登录/注册

4）弹窗标题的主要作用是用来展示界面的属性。全屏类型的活动界面通常将标题放置在界面（　　）。

A. 左上角

B. 中间

C. 左下角

D. 右下角

5）弹窗活动界面中的内容要能够清晰明了地展示活动内容和活动奖励，必要时可以通过在弹窗活动界面中添加（　　），清晰明了地展示活动内容和活动奖励。

A. 活动口号标签

B. 注册按钮

C. 活动宣传语和快速活动接口

D. 帮助文件接口

3.8.2　判断题

判断下列各项叙述是否正确，对的打"√"；错的打"×"。

1）活动界面中最常见的类型是等级活动界面，其主要作用是激发玩家升级的积极性。（　　）

2）弹窗类型的活动界面通常将标题放置在弹窗的左上角。（　　）

3）游戏的一些活动比较简单，整个界面内容较少，可以通过在活动界面中添加唯美的装饰图案，既能更好地展示奖品，又能吸引玩家的注意。（　　）

4）为了方便玩家退出当前界面，返回上一级界面，全屏类型的活动界面中通常会放置一个"返回"按钮。（　　）

5）在设计游戏活动界面时，首先要强调活动详情和进入接口。（　　）

3.8.3　创新题

使用本项目所学的内容，读者充分发挥自己的想象力和创作力，参考如图 3-308 所示的游戏活动界面，设计制作一款国风风格的游戏活动界面，在确保活动界面中所有元素的风格一致的同时，做好资源整合和元素输出工作。

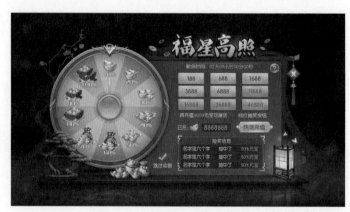

图 3-308　国风风格游戏活动界面

本项目将完成游戏排行榜界面的设计制作。通过完成游戏排行榜界面的设计制作，帮助读者掌握游戏界面设计中玩家头像框和排行榜界面的设计方法和技巧。项目按照游戏界面设计实际工作流程，依次完成"设计制作游戏排行榜界面玩家头像框""设计制作游戏排行榜界面底框"和"设计制作游戏排行榜界面标签与列表"3个任务，最终完成的效果如图4-1所示。

图 4-1　游戏排行榜界面效果

根据研发组的要求，下发设计工作单，对界面设计注意事项、制作规范和输出规范等制作项目提出详细的制作要求。设计人员根据工作单要求在规定的时间内完成游戏排行榜界面的设计制作，工作单内容如表4-1所示。

表 4-1　某游戏公司游戏 UI 设计工作单

工作单						
项目名	设计制作游戏排行榜界面				供应商	
分类	任务名称	开始日期	提交日期	玩家头像框	排行榜界面	整合输出	工时小计
UI	排行榜界面			3 天	5 天	1 天	
注意事项	排行榜界面尺寸为 1920×1080 像素，以适合主流移动设备的尺寸						
制作规范	内容	大小（像素）	颜色	位置	设计效果		
	玩家头像框	1000×1000	金黄色 蓝色 浅蓝色	排行榜界面右侧列表中	符合游戏特点，与游戏风格保持一致。头像框层次分明、颜色鲜艳，便于区分		
	排行榜界面底框	1920×1080	浅紫色 金黄色 金黄色	排行榜界面底部	结构合理、色彩搭配和谐统一。界面中的装饰元素摆放合理并相互呼应		

续表

工作单					
制作规范	排行榜界面标签与列表	1920×1080	浅黄色金黄色棕色	排行榜界面右侧	二级标签与三级标签层级划分明显，界面元素整齐划一。序列号设计逐级减弱
输出规范	各元素 PSD 源文件各一张。各元素 PNG 效果图各一张。排行榜界面 PSD 源文件一张和 JPG 效果图一张				

知识储备

4.1 了解巴图分类法

图 4-2 巴图分类法对玩家的分类

按照巴图分类法理论，可以将所有游戏玩家按照行动（Actiong）、世界（World）、交互（Interactiong）和人（Player）4 个方向分为杀手（Killer）、成就（Achiever）、社交（Socialiser）和探索（Explorer）4 种，如图 4-2 所示。巴图分类法是由理查德·巴图归纳总结出来的，它是最早用来分析归纳多人游戏环境下游戏玩家心理的理论。

> **提　示**
>
> 理查德·巴图（Richard Bartle）是多用户游戏领域的先锋，是第一个参与MUD游戏的联合开发者。

1. 杀手

杀手型玩家喜欢把自己的意愿强加给他人，他们的需求是在游戏中抱着显示自己的强大为目的与其他玩家进行互动，热衷于 PVP 玩法。

> **提　示**
>
> PVP（player versus player）是指游戏中玩家对战玩家的游戏模式，通常为玩家互相利用游戏资源攻击而形成的互动竞技游戏模式。与其相对的是PVE（player versus environment），是指玩家对战环境的游戏模式。

2. 成就

成就型玩家主要关注的是如何在游戏中取胜或者达成某些特定的目标。这些目标可能包括游戏固有的成就或者玩家自己制定的目标。常见的是玩家收集装备，提升自己，升级或者与 Boss 和其他玩家对战。

成就型玩家可以在排行榜界面中获得成就感。比如，玩家的战斗力、法力值或者宠物等特别厉害，在榜单上排进前三，甚至第一名。这些成就能够让成就型玩家感到非常快乐、满足。

3. 社交

社交型玩家的兴趣在于其与其他玩家产生联系，热衷于各类社交玩法，他们喜欢利用公会和团队来强化自己在游戏中的世界存在感。

排行榜界面也能够满足社交型玩家的社交心理。比如，玩家打进榜单，可以联系榜单排名前十的玩家进行切磋。也可以联系排名和自己接近的玩家进行 PK。社交型玩家可以在排行榜界面中获得与人沟通的乐趣。

4. 探索

探索型玩家喜欢不断追求游戏中新的惊喜，热衷于世界与他们的互动。游戏收集爱好者就属于这一类玩家，他们特别喜欢在游戏中收集物品，刷副本，收集装备和开宝箱。

图 4-3 所示为游戏装备品质排行榜界面。该界面的主要作用是比较游戏中每一个玩家所拥有的装备的好坏。

图 4-4 所示的排行榜界面与游戏中刷副本有关。界面中会统一玩家刷某个副本的层数和积分，层数和积分较高的玩家将排在榜单较前的位置。

图 4-5 所示的排行榜界面是一个等级排行榜。

图 4-3 装备品质排行榜界面

比较的是当前服务器或当前玩家的好友中的等级高低，等级越高，排名越高。

图 4-4 副本和积分排行榜界面

图 4-5 等级排行榜界面

4.2 排行榜界面的组成元素

通常情况下，游戏排行榜界面由弹窗标题、标签、玩家排名和排名鼓励文字四部分组成。下面逐一进行介绍。

4.2.1 弹窗标题

几乎所有的弹窗界面都会在较为关键的中心位置标明弹窗标题。弹窗排行榜界面的标题会放置在弹窗顶部正中心或者顶部的左侧。全屏排行榜界面的标题一定放置在界面的左上角，且标题的左侧会添加一个返回按钮。

4.2.2 标签

标签指的是排行榜界面排行的类别和内容，是排行榜界面中重要的衡量标准。如果排行榜内容较多，分类比较细，还需要将二级标签细化，添加三角标签。通过各种各样参数来衡量玩家，对玩家的实力、财富或者社交能力进行比较。

4.2.3 玩家排名

根据衡量标准的不同，将玩家进行排名。排前三名的玩家，其头像、排名数字、勋章等元素要与排名靠后的玩家做出区分。将玩家进行等级划分，能够刺激成就型玩家，让他们在游戏中多多努力，将自己的排名尽量靠前。

图 4-6 所示为游戏《烈火如歌》的"狂欢庆典"排行榜界面。界面左侧使用华丽的标签展示弹窗的标题；界面右侧顶部使用一个"战力排行"按钮对当前排行的内容进行说明。

排行内容的左侧放置一张精美的原画，其主要目的是装饰界面和吸引玩家注意的作用，如图 4-7 所示。排行内容的右侧上方显示排行活动的时间和规则；下方采用整齐的列表形式将玩家的战力进行排行，同时展示了活动奖励和领取名单，如图 4-8 所示。

  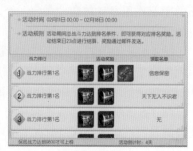

图 4-6　游戏《烈火如歌》排行榜界面　　　图 4-7　精美原画　　　图 4-8　排行内容

> **提　示**
>
> 　　排行榜中前三名的序列号通常会着重设计，以达到区别于其他序列号的作用。第一名的序列号可以设计的颜色最鲜艳，形式最华丽。

图 4-9 所示为游戏《诛仙》的排行榜界面。该界面将采用弹窗的方式显示。界面左侧放置界面的标题栏。界面内容的左侧放置界面的二级、三级标签。"个人信息"和"等级"二级标签设计相对华丽；"道法 - 总榜"等三级标签设计相对简单，通过外形即可将二级标签和三级标签区分开。

界面右侧整齐排列着玩家的排名、姓名和等级。排名前三名的序列号使用了华丽的设计，有效区别了其他排行玩家。

图 4-10 所示为游戏《神雕侠侣 2》的排行榜界面。界面顶部放置排行榜的标题栏；左侧放置二级和三级标签栏；右侧整齐放置排行信息，排名前三名的玩家除了对序列号进行区分以外，还对底色和边框进行了设计区分。界面底部显示当前玩家的排行，并通过添加鼓励文字对玩家进行鼓励。

图 4-9　游戏《诛仙》的排行榜界面　　　　图 4-10　游戏《神雕侠侣 2》的排行榜界面

4.2.4　排名鼓励文字

如果玩家暂时还未上榜，可以添加一些鼓励文字，增加玩家的参与度。如果玩家进入前十名，甚至进入前三名，则需要添加华丽的鼓励性文字，让玩家更进一步或保证排名不掉落。

4.3 游戏界面设计的要点

通过完成本教材游戏界面的设计与制作，总结游戏界面设计的要点如下。

1. 文字简洁明了，方便玩家阅读

在游戏界面的设计中，文字信息是非常重要的。很多界面如果去掉了文字，可能会让玩家不知所云，多余的文字给人的感觉只会是空洞且抽象，如果在游戏界面中有太多文字，玩家的游戏体验将大大地降低。

> **提 示**
>
> 游戏界面中的字数不能太多，只要能交代内容即可。如果文字过密集，字体过于花哨，会冲淡游戏的主题。

2. 整体配色要稳定，避免视觉疲劳

配色的"黄金比率"是指：主色调占60%，辅色占30%，点缀色占10%。但是具体到游戏界面中，黄金比率还不是最重要的，还有一个很关键的因素，即：偏亮、偏纯的颜色一般集中在面积较小的区域，偏灰、偏暗的颜色才是画面中最主要的，也就是"三分纯七分灰"。

可以理解成界面整体是大面积的暗色，只有在视觉中心的部位才有一些偏纯、偏亮的色彩，这样给玩家的感觉就不会过于花哨。

3. 视觉引导要合理，自然，清晰

在游戏界面设计中，需要让关键位置有明暗和色彩的强烈对比，这样才能让玩家第一时间就能看到，而不要把界面的设计当作"捉迷藏"。

4. 风格上保持一致，避免突兀

如果游戏界面风格是现代的，那么整体的元素选取也要以现代的科技或者元素为主。这种风格高度一致的界面才会避免"违和感"。

项目实施

本项目讲解设计制作游戏排行榜界面的相关知识内容，主要包括"设计制作排行榜界面玩家头像框""设计制作游戏排行榜界面底框"和"设计制作游戏排行榜界面标签与列表"3个任务，项目实施内容与操作步骤如图4-11所示。

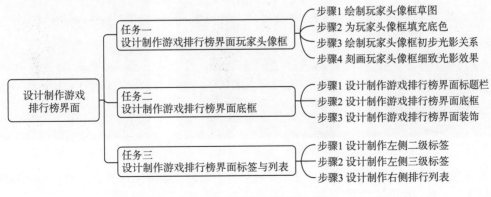

图 4-11 项目实施内容与操作步骤

4.4 任务一　设计制作游戏排行榜界面玩家头像框

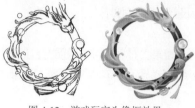

图 4-12　游戏玩家头像框效果

本任务使用 Photoshop CC 2021 软件完成游戏排行榜界面中玩家头像框的设计制作。按照实际工作中的制作流程，制作过程分为绘制玩家头像框草图、为玩家头像框填充底色、绘制玩家头像框初步光影关系和刻画玩家头像框细致光影效果 4 个步骤。完成后的游戏玩家头像框效果如图 4-12 所示。

任务目标	了解玩家头像框的设计流程和步骤； 掌握头线框线稿上色的方法和技巧； 掌握使用画笔工具绘制光影细节的方法； 掌握减淡工具和加深工具的使用方法； 使学生具有自主学习和解决问题的能力； 引导学生自觉传承中华优秀传统艺术	
主要技术	画笔工具、橡皮擦工具、形状工具、减淡工具、加深工具、"图层"面板、剪贴蒙版	 扫一扫观看演示视频
源文件	源文件 \ 项目四 \ 头像框 .psd	
素材	素材 \ 项目四 \	

4.4.1　任务分析

头像框的内容比较多，为了获得较好的效果，在铺色时通常会使用多个图层分别进行铺色。铺色时将按照从前向后的方式进行铺色，也就是说先为最前面的元素辅色。下面以头像框线稿为参考，对上色进行分析。

图 4-13 所示为玩家头像框线稿。线稿中挡在笛子前面的装饰物位于所有对象的上方，应为最先上色的部分，如图 4-14 所示。笛子是除了装饰物外最上层的部分，应第 2 个上色，如图 4-15 所示。

图 4-13　玩家头像框线稿

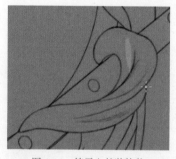

图 4-14　笛子上的装饰物

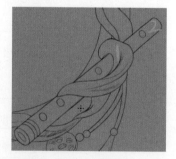

图 4-15　笛子

水龙身上的水球将龙的身子遮挡住了，应第 3 个上色，如图 4-16 所示。被水球遮挡的水龙应第 4 个上色，如图 4-17 所示。

水龙身体下方是笛子的吊坠和玉佩。吊坠和玉佩上的小珠子将其他元素都遮挡住了，因此应第 5 个上色，如图 4-18 所示。被小珠子挡住的绳子应第 6 个上色，如图 4-19 所示。

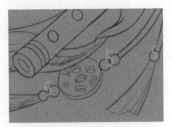

图 4-16　水龙身上的水球　　　　图 4-17　水龙身体　　　　图 4-18　吊坠和玉佩上的小珠子

玉佩和穗子位于一层，应第 7 个上色，如图 4-20 所示。被水龙身体遮盖的圆形框位于所有对象的最下方，应第 8 个上色，如图 4-21 所示。

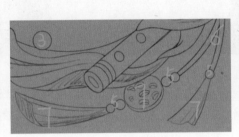

图 4-19　吊坠和玉佩的绳子　　　　图 4-20　玉佩和穗子　　　　图 4-21　最下层的圆形框

4.4.2　任务实施

步骤1　绘制玩家头像框草图

Step01 启动 Photoshop 软件，执行"文件"→"新建"命令，在弹出的"新建文档"对话框中设置文档的尺寸为 1000×1000 像素，如图 4-22 所示。使用"前景色"＃939393 填充画布，效果如图 4-23 所示。

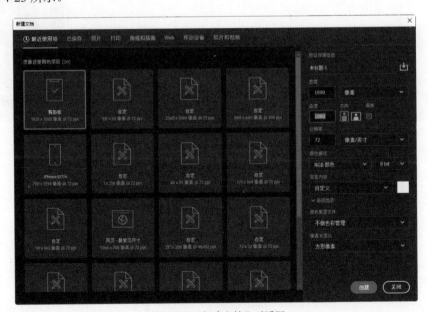

图 4-22　"新建文档"对话框

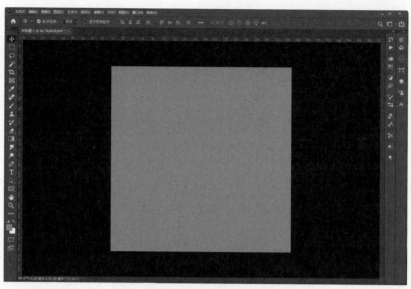

图 4-23　填充画布颜色

Step 02 在"图层"面板中新建一个名为"轮廓图"的图层，使用"画笔工具"在画布中绘制如图 4-24 所示的头像框线稿。继续使用"画笔工具"将水龙的线框绘制出来，效果如图 4-25 所示。

Step 03 继续使用"画笔工具"在头像框草稿右下角绘制笛子线框图，效果如图 4-26 所示。新建一个名为"草稿"的图层，设置"前景色"为红色，参考轮廓图，使用"画笔工具"绘制头像框草图，绘制的草图效果如图 4-27 所示。

图 4-24　绘制头像框　　　图 4-25　绘制水龙　　　图 4-26　绘制笛子线　　　图 4-27　绘制的头像框草图效果
　　　　线稿　　　　　　　　线框图　　　　　　　　框图

提　示

该头像框采用龙作为设计主题，因此其装饰图案要有阳刚的特征。可以选择中国古代男子身上的配件，如玉佩、毛笔、扇子、箫或者笛子等。

技　巧

为了便于观察草稿的绘制效果，设计师可以选择与轮廓图对比强烈的颜色绘制草稿图，如红色或者蓝色。

Step04 将"轮廓图"图层隐藏，头像框草稿效果如图 4-28 所示。新建一个名为"线稿"的图层，继续使用"画笔工具"沿草稿刻画头像框的线稿，完成后将"线稿"图层隐藏，线稿效果如图 4-29 所示。

图 4-28　头像框草稿　　图 4-29　头像框线稿

提 示

在绘制草稿时，可以使用凌乱的线条将草稿图中的阴影部分表现出来。对后期绘制头像框的光影效果有很大帮助。

技 巧

在刻画线稿时，只需要清晰刻画头像框的外轮廓的形状。草稿中的正圆形元素，可以通过使用"椭圆工具"绘制圆形路径再描边的方式制作。

步骤2　为玩家头像框填充底色

Step01 新建一个名为"4- 水龙"的图层，设置"前景色"为 #a0cee9，使用"画笔工具"为水龙身体填色，效果如图 4-30 所示。新建一个名为"8- 最下面的圆"的图层，设置"前景色"为 #4d4e7e，使用"画笔工具"为最下面的圆形填色，效果如图 4-31 所示。

提 示

为线稿上色时，先对比较重要的部分进行上色，然后根据不同元素的上下关系分别进行上色。

Step02 新建一个名为"3- 水球"的图层，设置"前景色"为 #bbe3fd，使用"画笔工具"为最水球填色，效果如图 4-32 所示。新建一个名为"2- 笛子"的图层，设置"前景色"为 #75b384，使用"画笔工具"为笛子填色，效果如图 4-33 所示。

图 4-30　为水龙身体填色　　图 4-31　为最下面的圆形填色　　图 4-32　为水球填色　　图 4-33　为笛子填色

提 示

在选择颜色时需要考虑整个画面的饱和度，水球颜色和笛子颜色的饱和度不宜过高，使用30%的饱和度即可。

技 巧

水龙身上的水球效果应该是一样的，因此只需要先完成一个水球的刻画，再通过复制粘贴的方式制作其他水球。

Step03 设置"前景色"为 #75b384，使用"画笔工具"处理笛子的细节，效果如图 4-34 所示。设置"前景色"为 #dbeab7，使用"画笔工具"为笛子的花纹上色，效果如图 4-35 所示。

Step 04 新建一个名为"1- 花纹"的图层，设置"前景色"为#d7b66a，使用"画笔工具"为装饰物上色，效果如图 4-36 所示。

提 示

装饰物相当于头像框中的一个点缀物，点缀物颜色的特点是独特、耀眼、鲜艳。由于水龙和圆框的颜色都是冷色调的，因此装饰物的颜色选择了与笛子花纹同色系的金色。

Step 05 新建一个名为"5- 珠子"的图层，使用"吸管工具"分别吸取笛子和水龙身体的颜色，使用"画笔工具"为珠子上色，效果如图 4-37 所示。新建一个名为"7- 吊坠"的图层，分别吸取水龙身上和珠子的颜色为穗子上色，效果如图 4-38 所示。

图 4-34　处理笛子的细节　　图 4-35　为花纹上色　　图 4-36　为装饰物上色　　　图 4-37　为珠子上色

Step 06 设置"前景色"为#d6dfdb，使用"画笔工具"为玉佩上色，效果如图 4-39 所示。新建一个名为"6- 绳子"的图层，设置"前景色"为#908fb6，使用"画笔工具"为绳子上色，效果如图 4-40 所示。头像框线稿的上色效果如图 4-41 所示。

  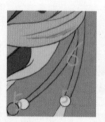 

图 4-38　为穗子上色　　　　　图 4-39　为玉佩　　图 4-40　为绳子上色　　图 4-41　头像框线稿
　　　　　　　　　　　　　　　　　　上色　　　　　　　　　　　　　　　　　　　上色效果

步骤3　绘制玩家头像框初步光影关系

Step 01 选择"1- 花纹"图层并锁定图层透明像素，使用"吸管工具"吸取固有色，在"拾色器"对话框中修改"前景色"为#f2d483，如图 4-42 所示。使用"画笔工具"为装饰物绘制高光色，效果如图 4-43 所示。

图 4-42　修改前景色　　　　　　　　　图 4-43　绘制装饰物高光色

　　常见的绘制光影的方法有两种。第一种是选择不同的颜色，使用"画笔工具"直接绘制。第二种是使用"加深工具"制作阴影效果，使用"减淡工具"制作高光效果。

Step02 修改"前景色"为#b7945a，使用"画笔工具"为装饰物绘制阴影色，效果如图4-44所示。将"线稿"图层隐藏，选择"2-笛子"图层，单击工具箱中的"加深工具"按钮，设置选项栏中的"曝光度"为10%，在装饰物投影处涂抹，效果如图4-45所示。

Step03 使用"加深工具"在笛子上涂抹，制作笛子的阴影，效果如图4-46所示。单击工具箱中的"减淡工具"按钮，设置选项栏中的"曝光度"为10%，沿着平行笛子阴影的位置涂抹，制作笛子的高光，效果如图4-47所示。

 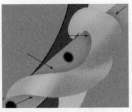  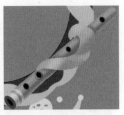

图4-44　绘制装饰物阴影色　　图4-45　绘制笛子阴影　　图4-46　涂抹笛子的阴影　　图4-47　涂抹笛子的高光

　　由于光线是从左上方打下来的，所以笛子的阴影在笛子的左侧。涂抹笛子阴影时，还要注意阴影的角度与笛子倾斜的角度保持一致，一定不能有夹角。

　　使用"减淡工具"涂抹制作笛子高光时，需要注意避开由于装饰物遮挡而产生的阴影，这些阴影是不应该有高光的。

Step04 使用"加深工具"涂抹珠子的右下角，制作珠子的阴影区，效果如图4-48所示。选择"7-吊坠"图层并锁定透明像素，使用"加深工具"在右侧的蓝色穗子上涂抹，效果如图4-49所示。

 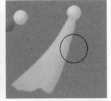

图4-48　绘制珠子阴影区　　图4-49　绘制穗子阴影

　　由于珠子被笛子、水龙和圆形底框挡住，因此几乎不需要刻画高光，只需要将珠子的右下角刻画出圆弧阴影即可。

　　右侧的穗子是由丝绸或者布料制作的，非常柔软。它的高光和阴影不需要刻画得特别强烈，保持柔和、平缓的高光与阴影的过渡即可。

Step05 参考草稿，使用"画笔工具"绘制左侧穗子的阴影，效果如图4-50所示。

Step06 设置"前景色"为#a8b7b5，使用"画笔工具"绘制玉佩的侧面和孔洞的侧面，效果如图4-51所示。选择"8-最下面的圈"图层，使用"加深工具"在遮挡物底部位置涂抹，制作投影效果，效果如图 4-52 所示。

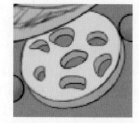

图 4-50　绘制左侧穗子的阴影　　　　　　　　　　　图 4-51　绘制玉佩侧面和孔洞侧面

Step07 继续使用"减淡工具"在圆形底框露出来的位置和边缘涂抹，制作淡淡的高光，效果如图 4-53 所示。

Step08 选择"3- 水球"图层并锁定透明像素，设置"前景色"为 #f2f7fc，使用"画笔工具"沿水球边缘绘制高光，效果如图 4-54 所示。选择比水球固有色稍微深一些的蓝色，在水球的空白区域涂抹，增加水球的层次感，效果如图 4-55 所示。

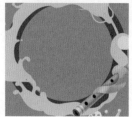

图 4-52　制作圆形底框阴影　　图 4-53　制作圆形底框高光　　图 4-54　绘制水球高光　　图 4-55　增加水球层次感

> **提　示**
>
> 　　绘制水球高光前，可以查看气泡的光影关系。不要只为水球的四周绘制高光，要根据球体的特性在水球的两端增加局部高光。

Step09 使用"矩形选框工具"将水球框选，按住 Alt 的同时使用"移动工具"拖曳复制多个水球并调整大小，效果如图 4-56 所示。

Step10 选择"4- 水龙"图层并锁定透明像素，设置"前景色"为 #a0cee9，参考草稿，使用"画笔工具"刻画水龙的阴影，完成效果如图 4-57 所示。

> **提　示**
>
> 　　"颜色减淡"和"颜色加深"工具只适合为规则图形添加高光和阴影。当遇到不规则图形时，只能使用"画笔工具"绘制高光和阴影。

Step11 至此，头像框初步光影效果刻画完成，效果如图 4-58 所示。

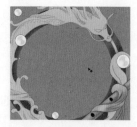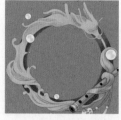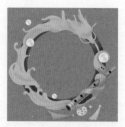

图 4-56　复制水球并调整大小　　　图 4-57　绘制水龙阴影效果　　　图 4-58　头像框初步光影效果

步骤4 刻画玩家头像框细致光影效果

Step01 选择"6-绳子"图层，使用"加深工具"在绳子的右侧涂抹，制作绳子的阴影效果，如图4-59所示。在两个绳子交界的位置涂抹，表现绳子的层级关系，如图4-60所示。

提 示

刻画细致光影时，并不需要对所有对象进行刻画。一些简单的图层，如水泡、珠子等，由于其光影比较简单，因此不需要再进行细致刻画。刻画细致光影时，通常按照由简单到复杂的顺序进行刻画。

Step02 在"图层"面板中分别新建名为"高光"和"阴影"的图层，并与"7-吊坠"图层创建剪贴蒙版，"图层"面板如图4-61所示。

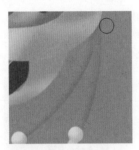

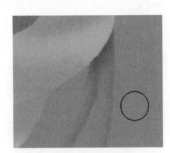

图4-59 制作绳子阴影效果   图4-60 表现绳子层级关系   图4-61 "图层"面板

Step03 选择"高光"图层，设置"前景色"为#daeffa，使用"画笔工具"绘制右侧穗子的高光效果，如图4-62所示。设置"前景色"为#abf3ce，使用"画笔工具"绘制左侧穗子的高光效果，如图4-63所示。

技 巧

由于穗子的结构比较复杂，要使用比较细的笔刷绘制高光和阴影。为了避免错误，建议分图层绘制。

提 示

穗子顶部的线条要细一些、密集一些，下面的线条要粗一些，疏松一些。靠近珠子的位置颜色要暗淡一些，远离珠子的位置颜色要明亮一些。

Step04 选择"阴影"图层，设置"前景色"为#73a7bd，使用"画笔工具"绘制右侧穗子的阴影效果，如图4-64所示。设置"前景色"为#347964，使用"画笔工具"绘制左侧穗子的阴影效果，如图4-65所示。

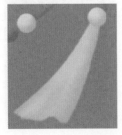

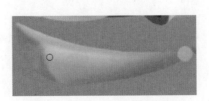

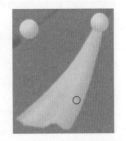

图4-62 绘制右侧穗子高光效果   图4-63 绘制左侧穗子高光效果   图4-64 绘制右侧穗子阴影效果

Step05 设置"前景色"为#175040，使用"画笔工具"绘制左侧穗子上珠子的投影，效果如图4-66所示。设置"前景色"为#4f8fb0，使用"画笔工具"绘制右侧穗子上珠子的投影，效果如图4-67所示。

图4-65　绘制左侧穗子阴影效果

图4-66　左侧珠子投影效果

图4-67　右侧珠子投影效果

Step06 使用"套索工具"创建如图4-68所示的选区。设置"前景色"为#265168，吸引"画笔工具"沿着玉佩被遮挡位置绘制投影，按Ctrl+D组合键取消选区，投影效果如图4-69所示。

Step07 在"图层"面板中分别新建名为"高光"和"阴影"的图层，并与"1-花纹"图层创建剪贴蒙版，"图层"面板如图4-70所示。

图4-68　创建选区

图4-69　绘制投影效果

图4-70　"图层"面板

Step08 选择"高光"图层，设置"前景色"为#ffefc4，参考草稿，使用"画笔工具"绘制装饰物的高光，效果如图4-71所示。选择"阴影"图层，设置"前景色"为#7f6028，使用"画笔工具"绘制装饰物的阴影效果，如图4-72所示。

Step09 在"图层"面板中新建一个名为"高光"的图层并与"2-笛子"图层创建剪贴蒙版，"图层"面板如图4-73所示。设置"前景色"为#c1eabe，使用"画笔工具"为笛子绘制高光，效果如图4-74所示。

图4-71　装饰物高光效果

图4-72　装饰物阴影效果

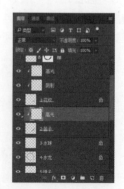
图4-73　新建"高光"图层

Step 10 在"图层"面板中分别新建名为"高光""高光2""阴影"和"阴影2"的图层，并与"4-水龙"图层创建剪贴蒙版，"图层"面板如图4-75所示。

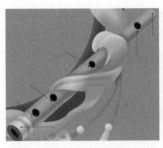
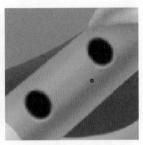

图4-74 绘制笛子局部高光

图4-75 "图层"面板

Step 11 选择"阴影"图层，设置"前景色"为#8abfe1，参考草稿图，使用"画笔工具"刻画水龙阴影，效果如图4-76所示。

> **提 示**
>
> 一个物体通常分为5层，也就是所谓的"三面五调"。三面是指物体的亮面、灰面和暗面，灰面相当于物体的固有色，亮面分为亮面和比亮面更亮的高光两个层次，暗面分为暗面和比暗面更暗的明暗交界线两个层次。

Step 12 选择"阴影2"图层，设置"前景色"为#2e6486，使用"画笔工具"刻画水龙阴影，效果如图4-77所示。

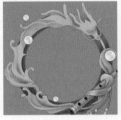

图4-76 刻画水龙第一层阴影　　　　　　图4-77 刻画水龙第二层阴影

Step 13 选择"高光"图层，设置"前景色"为#b7dff7，使用"画笔工具"刻画水龙高光，效果如图4-78所示。选择"高光2"图层，设置"前景色"为#f0fbff，使用"画笔工具"继续刻画一些重点高光，效果如图4-79所示。

Step 14 将"线稿"图层隐藏，观察水龙的光影效果，如图4-80所示。

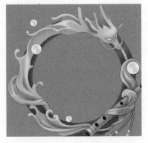

图4-78 刻画水龙第一层高光　　　　图4-79 刻画水龙第二次高光　　　　图4-80 水龙光影效果

 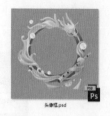

头像框.png   头像框.psd

图 4-81 存储为 PSD 格式和 PNG 格式文件

Step15 按 Ctrl+S 组合键，将文件以"头像框 .psd"为名进行保存。将"背景"图层隐藏，按 Shift+Ctrl+C 组合键合并复制。

Step16 按 Ctrl+N 组合键新建文件，单击"确定"按钮后再按 Ctrl+V 组合键粘贴所复制的对象。隐藏"背景"图层，按 Ctrl+S 组合键，将文件以"头像框 .png"为名进行保存，如图 4-81 所示。

4.4.3 任务评价

完成游戏玩家头像框的绘制后，分别从位置、高光、阴影、投影和色彩搭配等角度对作品进行评价。具体评价标准如下。

（1）头像框图层的上下位置关系是否正确。

（2）被遮挡对象上的投影效果是否合适。

（3）水龙高光和阴影的形状与效果是否合理。

（4）头像框各部分的层次感和立体感表现是否正确。

（5）头像框色彩搭配是否合理，过渡是否自然。

4.5 任务二 设计制作游戏排行榜界面底框

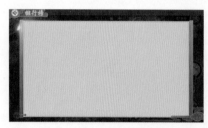

本任务中将设计制作游戏排行榜界面底框，按照实际工作流程分为设计制作游戏排行榜界面标题栏、设计制作游戏排行榜界面底框和设计制作游戏排行榜界面装饰 3 个步骤，设计制作完成的游戏排行榜界面底框的效果如图 4-82 所示。

图 4-82 游戏排行榜界面底框

任务目标	理解游戏巴图分类法理论； 了解排行榜界面的组成元素及作用； 掌握标题栏的概念、制作方法和重点； 掌握底框要素色彩搭配的依据及制作要点； 培养学生虚心向他人学习并听取意见和建议的能力； 培养学生多学科交叉的创新能力	
主要技术	形状工具、图层样式、画笔工具、图层蒙版、剪贴蒙版、减淡工具、加深工具	 扫一扫观看演示视频
源文件	源文件 \ 项目四 \ 游戏排行榜底框 .psd	
素材	素材 \ 项目四 \	

4.5.1 任务分析

图 4-83 所示为本项目排行榜界面的线框图。该界面是一个全屏显示界面,因此将界面标题放置在界面的左上角位置,并在标题左侧放置了一个"返回"按钮,如图 4-84 所示。

排行榜界面中间被分成左右两栏,左侧放置二级标签和三级标签,玩家点击某个二级标签后,将在其下方显示细分的小类。比如玩家点击"妖气试炼"按钮,将显示"普通""困难"和"地狱"3 种试炼难度,如图 4-85 所示。

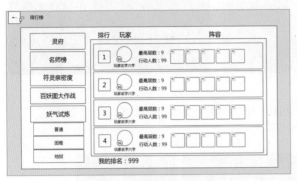

图 4-83 排行榜界面线框图　　　　图 4-84 标题和返回按钮　图 4-85 二、三级标签

界面右侧放置玩家的排名列表。顶部放置说明选项,对排行内容进行说明。玩家参数中只显示"最高层数"和"行动人数",阵容参数将显示玩家阵容的图标。在界面底部显示玩家当前的排名,如图 4-86 所示。

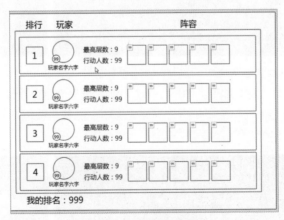

图 4-86 玩家的排名列表

4.5.2 任务实施

步骤1　设计制作游戏排行榜界面标题栏

Step01 启动 Photoshop 软件,将"背景图 .jpg"文件打开,效果如图 4-87 所示。新建一个名为"70% 黑色"的图层并填充黑色,设置图层"不透明度"为 70%,效果如图 4-88 所示。

> **提　示**
> 设计游戏界面UI时,背景图只是用来作为衬底使用,没有什么实际的意义。本任务中将继续使用项目二中的背景图作为背景图。

图 4-87　打开文件

图 4-88　新建半透明黑色图层

Step02 将"线框图 .jpg"拖曳到"背景图 .jpg"文件中，修改其图层"不透明度"为 25%，效果如图 4-89 所示。

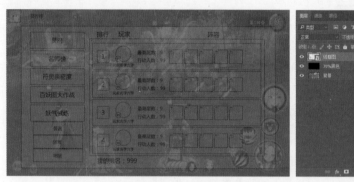

图 4-89　使用线框图

Step03 新建一个名为"轮廓稿"的图层，设置"前景色"为白色，设置笔刷大小为 2 像素，参考线框图，使用"画笔工具"绘制排行榜界面轮廓图，隐藏"线框图"图层，效果如图 4-90 所示。

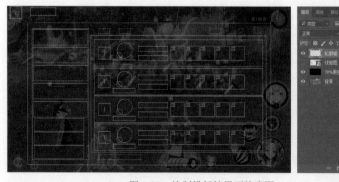

图 4-90　绘制排行榜界面轮廓图

Step04 新建一个名为"返回按钮"的图层，设置"前景色"为红色，使用"画笔工具"绘制返回按钮的草稿，效果如图 4-91 所示。参考草稿，使用"椭圆工具"绘制如图 4-92 所示的椭圆形状图形。

Step05 参考草稿，使用"钢笔工具"绘制返回图标，效果如图 4-93 所示。新建一个名为"图案边"的图层，参考草稿，使用"画笔工具"绘制云纹的边，效果如图 4-94 所示。

图 4-91　绘制返回按钮草稿　　　　图 4-92　绘制椭圆形状图形　　图 4-93　绘制返回图标

Step06 在"图案边"图层下方新建一个名为"底色"的图层，使用"多边形套索工具"创建选区并使用"画笔工具"为选区填色，效果如图 4-95 所示。

图 4-94　绘制云纹的边　　　　　　　图 4-95　填充底色

提　示

在绘制图案边或底色时，暂时不用考虑配色。只需要选择与背景对比明显的颜色即可，如鲜艳的绿色或者洋红色。

Step07 使用"横排文字工具"在画布中单击并输入文字，效果如图 4-96 所示。新建一个名为"底部长条"的图层，使用"矩形工具"绘制如图 4-97 所示的矩形形状。

图 4-96　输入标题文字　　　　　　　图 4-97　绘制矩形形状

Step08 修改底部长条图形的填充颜色为 # 332733，效果如图 4-98 所示。设置"前景色"为 #5a424e，修改底色填充颜色，效果如图 4-99 所示。修改云纹边颜色为 #b88c5d，效果如图 4-100 所示。

图 4-98　修改底部长条填充颜色

图 4-99　修改底色填充颜色

图 4-100　修改云纹边颜色

> **提　示**
>
> 　　底部长条没有实际的作用，摆放在界面顶部，可以使整个界面看起来比较饱满，因此为其指定了深紫色。

Step 09 为"圆形 1"图层添加"渐变叠加"图层样式，设置渐变叠加样式参数如图 4-101 所示。单击"确定"按钮，效果如图 4-102 所示。

Step 10 为"形状 1"图层添加"渐变叠加"图层样式，设置渐变叠加样式参数如图 4-103 所示。单击"确定"按钮，效果如图 4-104 所示。

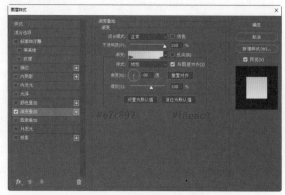

图 4-101　渐变叠加样式参数

图 4-102　圆形渐变叠加效果

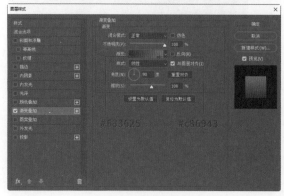

图 4-103　渐变叠加样式参数

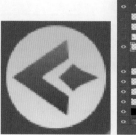

图 4-104　形状渐变叠加效果

Step11 双击"排行榜"文字图层，修改文字颜色为#ecce8b，效果如图 4-105 所示。为"底部长条"图层添加"描边"图层样式，描边参数设置如图 4-106 所示。

Step12 选择左侧的"投影"复选框，投影参数如图 4-107 所示。单击"确定"按钮，底部长条应用样式后的效果如图 4-108 所示。

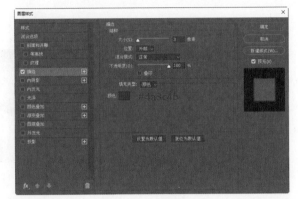

图 4-105　修改文字颜色

图 4-106　描边样式参数

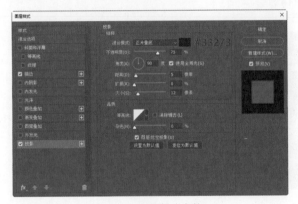

图 4-107　投影样式参数

图 4-108　底部长条应用样式后的效果

Step13 选择"底色"图层并锁定图层透明像素，设置"前景色"为#90645f，使用"画笔工具"在底部和两侧涂抹，效果如图 4-109 所示。

Step14 选择"图案边"图层，使用"减淡工具"在图案边突出的位置涂抹，将"图案边"局部颜色提亮，效果如图 4-110 所示。

图 4-109　绘制渐变底色

图 4-110　局部提亮图案边

175

Step 15 选择"椭圆 1"图层，按 Ctrl+J 组合键复制得到"椭圆 1 拷贝"图层，选择"椭圆 1"图层，按 Ctrl+T 组合键自由变换椭圆，效果如图 4-111 所示。删除圆形"渐变叠加"图层样式，修改填充颜色为 #9a8484，效果如图 4-112 所示。

图 4-111　自由变换椭圆图形　　　　　图 4-112　修改圆形填充颜色

Step 16 为"椭圆 1 拷贝"图层添加"内发光"图层样式，内发光样式参数设置如图 4-113 所示。单击"确定"按钮，效果如图 4-114 所示。

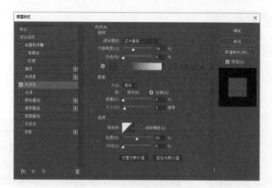

图 4-113　内发光样式参数　　　　　　　图 4-114　内发光效果

Step 17 为"排行榜"文字图层添加"描边"图层样式，描边各项参数设置如图 4-115 所示。单击"确定"按钮，文字描边效果如图 4-116 所示。

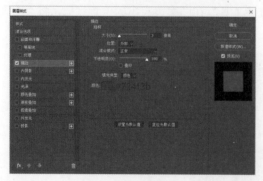

图 4-115　描边样式参数　　　　　　　　图 4-116　文字描边效果

Step 18 执行"文件"→"打开"命令，将"海浪图案.jpg"文件打开，效果如图 4-117 所示。使用"移动工具"将其拖曳到排行榜界面文件中，调整大小和位置，并与"底色"图层创建剪贴蒙版，效果如图 4-118 所示。

Step19 修改"海浪图案"图层的混合模式为"柔光"，图层"不够明度"为 12%，效果如图 4-119 所示。

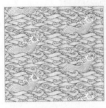

图 4-117　打开图案文件　　　图 4-118　调整图案文件　　　　图 4-119　修改图层混合模式和不透明度

Step20 在"海浪图案"图层上方新建一个名为"阴影"的图层，设置"前景色"为 #332733，使用"画笔工具"在底色添加投影，效果如图 4-120 所示。

Step21 在"底部长条"上方新建一个名为"阴影"的图层并与"底部长条"图层创建剪贴蒙版，设置"前景色"为 #171017，使用"画笔工具"绘制投影，效果如图 4-121 所示。

图 4-120　绘制投影效果　　　　　　　　　　图 4-121　绘制投影

Step22 为"图案边"图层添加"外发光"图层样式，设置外发光参数如图 4-122 所示。单击"确定"按钮，图案边的外发光效果如图 4-123 所示。

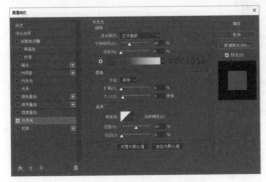

图 4-122　外发光样式参数　　　　　　　　図 4-123　外发光效果

177

Step23 新建一个名为"排行榜返回按钮"的图层组，将所有相关图层拖曳到新建的图层组中，"图层"面板如图 4-124 所示。标题栏的最终完成效果如图 4-125 所示。

图 4-124　管理图层组

图 4-125　标题栏完成效果

步骤2　设计制作游戏排行榜界面底框

Step01 将"轮廓稿"图层显示出来，如图 4-126 所示。新建一个名为"外框"的图层，选择一种明亮的颜色，使用"画笔工具"重新设计外框轮廓图，设计效果如图 4-127 所示。

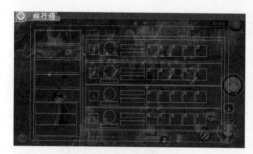

图 4-126　显示轮廓稿

图 4-127　设计外框轮廓图

> **提　示**
>
> 草稿的右下角与左上角标题相呼应，设计了一朵云纹。在右上角添加了一个毛笔图案，丰富界面效果。在左下角绘制了绳子捆绑效果，增加界面的趣味性。

Step02 参考轮廓图，使用"圆角半径"为 6 像素的圆角矩形绘制两个圆角矩形，用来制作书简的封面，效果如图 4-128 所示。使用"矩形工具"绘制书简底框，效果如图 4-129 所示。

图 4-128　绘制书简封面

图 4-129　绘制书简底框

Step03 参考草图，使用"钢笔工具"绘制底框上的花纹形状图形，设置其"填充"色和"描边"色都为无，效果如图 4-130 所示。为其添加"描边"图层样式，单击"确定"按钮，效果如图 4-131 所示。

图 4-130　绘制花纹工作路径

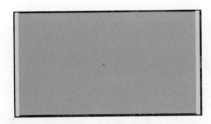

图 4-131　图形描边效果

Step04 隐藏"外框"图层，选择"矩形 1"图层，修改图形"填充"色为 #cecfca，效果如图 4-132 所示。修改"形状 2"图层"描边"图层样式各项参数如图 4-133 所示。

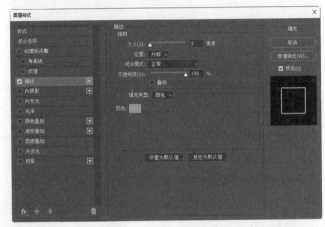

图 4-132　修改矩形填充颜色

图 4-133　修改花纹描边颜色

Step05 单击"确定"按钮，花纹效果如图 4-134 所示。为"圆角矩形 1"图层添加"渐变叠加"图层样式，渐变叠加样式参数如图 4-135 所示。单击"确定"按钮。

图 4-134　形状描边效果

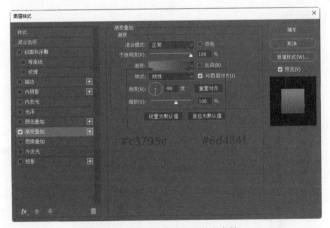

图 4-135　"渐变叠加"样式参数

Step06 选择左侧的"内发光"复选框，内发光样式参数如图 4-136 所示。单击"确定"按钮，效果如图 4-137 所示。

Step07 新建一个名为"花纹"的图层并与"圆角矩形 1"图层创建剪贴蒙版，"图层"面板如图 4-138 所示。双击"圆角矩形 1"图层，在弹出的"图层样式"对话框中选择"将内部效果混合成组"复选框，取消选择"将剪贴图层混合成组"复选框，如图 4-139 所示。

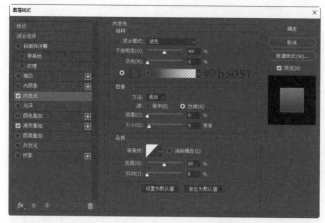

图4-136　"内发光"样式参数

图4-137　圆角矩形应用层样式效果图

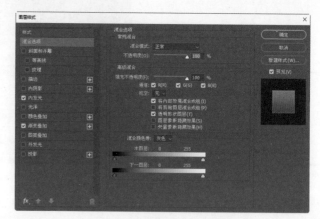

图4-138　管理图层

图4-139　"图层样式"对话框

提示

由于"圆角矩形1"图层添加了图层样式，要想正确显示剪贴蒙版图层的效果，必须取消选择"将剪贴图层混合成组"复选框，选择"将内部效果混合成组"复选框。

Step08 单击"确定"按钮，选择"花纹"图层，使用"画笔工具"绘制如图4-140所示的波浪花纹效果。使用"矩形选框工具"将花纹选中，使用"移动工具"拖曳复制到右侧并水平翻转，取消选择，效果如图4-141所示。

图4-140　绘制波浪花纹

图4-141　复制并水平翻转花纹

Step09 设置"前景色"为#ecce8b，填充花纹颜色，修改"花纹"图层的"不透明度"为36%，效果如图4-142所示。为"花纹"图层添加图层蒙版，设置"前景色"为黑色，使用"画笔工具"在蒙版上涂抹，制作两侧花纹逐渐变淡的效果，如图4-143所示。

图4-142　修改花纹颜色和图层不透明度

图4-143　制作逐渐变淡效果

步骤3　设计制作游戏排行榜界面装饰

Step01 在"花纹"图层上方新建一个名为"蝴蝶"的图层，使用"吸管工具"吸取标题栏上的浅金色，参考轮廓图，使用"画笔工具"绘制蝴蝶花纹，效果如图4-144所示。

Step02 锁定"蝴蝶"图层的透明像素，设置"前景色"为#feff81，使用"画笔工具"绘制蝴蝶渐变效果，如图4-145所示。为"蝴蝶"图层添加"外发光"图层样式，外发光样式各项参数设置如图4-146所示。

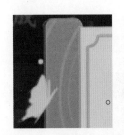

图4-144　绘制蝴蝶花纹

图4-145　绘制蝴蝶渐变

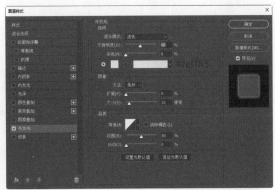

图4-146　外发光图层样式参数

Step03 单击"确定"按钮，外发光效果如图4-147所示。在"蝴蝶"图层下方新建一个名为"光晕"的图层，使用"吸管工具"吸取蝴蝶上的颜色，选择较大尺寸的笔刷，使用"画笔工具"绘制光晕，效果如图4-148所示。

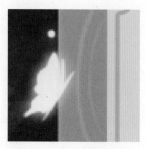

图 4-147　外发光效果

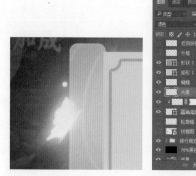

图 4-148　绘制光晕效果

Step 04　在"圆角矩形 1"图层上方新建一个名为"阴影"的图层，并修改图层混合模式为"正片叠底"，如图 4-149 所示。

Step 05　设置"前景色"为 #6e494f，使用"画笔工具"在书简封面两侧绘制阴影效果，如图 4-150 所示。修改"阴影"图层的"不透明度"为 29%，阴影效果如图 4-151 所示。

图 4-149　新建图层

图 4-150　绘制书简封面阴影

图 4-151　阴影效果

Step 06　参考轮廓图，使用圆角半径为 6 像素的"圆角矩形工具"绘制一个圆角矩形，修改其填充颜色为 #9b7781，效果如图 4-152 所示。将"圆角矩形 2"图层栅格化为普通图层并锁定透明像素，"图层"面板如图 4-153 所示。

Step 07　选择较深的紫红色，使用"画笔工具"绘制阴影，选择较浅的紫红色，使用"画笔工具"绘制高光，效果如图 4-154 所示。

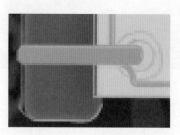

图 4-152　绘制圆角矩形

图 4-153　"图层"面板

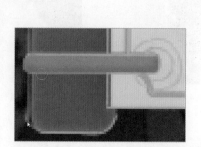

图 4-154　绘制阴影和高光

Step 08 设置"前景色"为 #734e6f，使用"画笔工具"绘制绳子纹理，效果如图 4-155 所示。为"圆角矩形 2"图层添加"投影"图层样式，投影样式各项参数设置如图 4-156 所示。

图 4-155　绘制绳子纹理

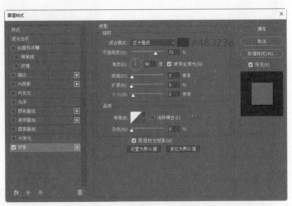

图 4-156　投影样式参数 1

Step 09 单击"确定"按钮，投影效果如图 4-157 所示。参考轮廓图，使用"椭圆工具"绘制如图 4-158 所示的圆形。

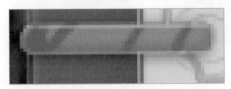

图 4-157　投影效果

图 4-158　绘制圆形形状

Step 10 为图层添加"渐变叠加"图层样式，渐变叠加样式参数设置如图 4-159 所示。选择左侧的"投影"复选框，投影样式参数如图 4-160 所示。

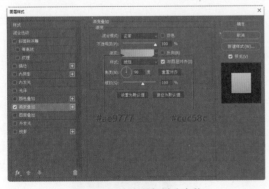

图 4-159　渐变叠加样式参数

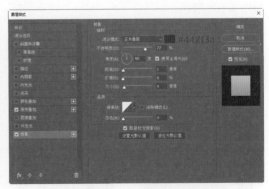

图 4-160　投影样式参数 2

Step 11 单击"确定"按钮，效果如图 4-161 所示。修改图层名称为"2"，"图层"面板如图 4-162 所示。继续使用"椭圆工具"绘制填充颜色为 #4e3643 的圆形，效果如图 4-163 所示。

Step 12 修改图层名称为"1"并为其添加"内阴影"图层样式，内阴影样式各项参数设置如图 4-164 所示。单击"确定"按钮，效果如图 4-165 所示。

图 4-161　应用图层样式持的效果

图 4-162　修改图层名称

图 4-163　绘制圆形

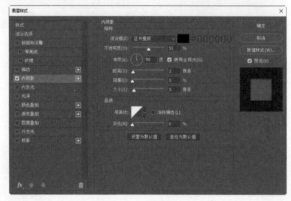

图 4-164　内阴影样式参数

图 4-165　内阴影效果

Step 13 隐藏"外框"图层，拖曳调整图层顺序并修改"圆角矩形 2"图层的名称为"绳子"，"图层"面板如图 4-166 所示。左下角的绳子效果如图 4-167 所示。

Step 14 将"外框"图层显示出来，新建一个名为"云纹线条"的图层，使用"吸管工具"吸取左上角云纹金边的颜色，参考草图，使用"画笔工具"绘制右下角的云纹图案线条，效果如图 4-168 所示。

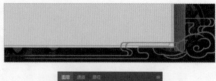

图 4-166　"图层"面板

图 4-167　绳子效果

图 4-168　云纹图案线条

Step15 在"云纹线条"图层下方新建一个名为"底色"的图层，创建云纹选区并使用左上角云纹的底色填充选区，效果如图 4-169 所示。取消选区并使用"画笔工具"将云纹的层次绘制出来，绘制效果如图 4-170 所示。

图 4-169　填充云纹底色

图 4-170　绘制云纹层次

Step16 将标题栏中的海浪图案复制到右下角的云纹上并创建剪贴蒙版，效果如图 4-171 所示。选择"云纹线条"图层，使用"减淡工具"和"加深工具"绘制线条的高光和阴影，效果如图 4-172 所示。

图 4-171　复制海浪图案并创建剪贴蒙版

图 4-172　绘制线条的高光和阴影

Step17 新建一个名为"右下角云纹"的图层组，将相关图层拖曳到新建的图层组中，为图层组添加"外发光"图层样式，外发光样式参数设置如图 4-173 所示。选择左侧的"混合选项"选项，设置各项参数如图 4-174 所示。

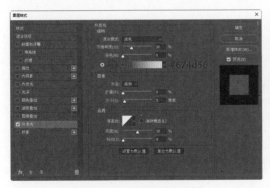

图 4-173　外发光样式参数

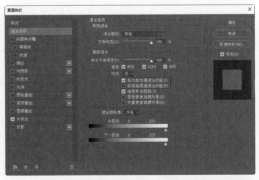

图 4-174　设置"混合选项"参数

Step18 单击"确定"按钮，云纹外发光效果如图 4-175 所示。为图层组添加图层蒙版，设置"前景色"为黑色，使用"画笔工具"涂抹，遮罩顶部图形，效果如图 4-176 所示。

Step19 修改笔刷"不透明度"为 20%，使用"画笔工具"在蒙版上涂抹，制作虚无缥缈的云纹效果，如图 4-177 所示。

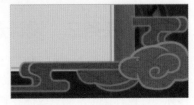

图 4-175　外发光效果

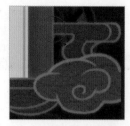

图 4-176　图层蒙版效果　　　　　　　　　　图 4-177　虚无缥缈的云纹效果

Step 20 新建一个名为"弹窗底框"的图层组，将所有相关图层拖曳到新建的图层组中，"图层"面板如图 4-178 所示。排行榜弹窗底框设计制作的最终效果如图 4-179 所示。

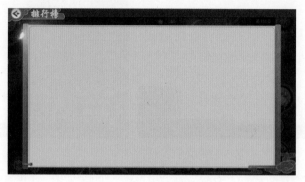

图 4-178　"图层"面板　　　　　　　　　图 4-179　排行榜弹窗底框效果

4.5.3　任务评价

（1）标题栏中的返回图标与标题文字是否对齐。

（2）标题栏的底色与边框颜色对比是否强烈。

（3）标题栏的背景花纹是否清晰，效果是否自然。

（4）底框与底框花纹的间距是否相等，颜色搭配是否合理。

（5）左侧蝴蝶的发光效果是否自然，与下方内容是否合理。

（6）左下角绳子的花纹明暗效果是否清晰。

（7）书简封面纹理是否清晰，与固有色融合是否自然。

（8）右侧的云纹效果是否明显，层次是否清晰。

4.6　任务三　设计制作游戏排行榜界面标签与列表

本任务将完成游戏排行榜界面标签与列表的绘制，按照实际工作流程分为设计制作左侧上移标签、设计制作左侧三级标签和设计制作右侧排行列表 3 个步骤，绘制完成的游戏排行榜界面如图 4-180 所示。

图 4-180 游戏排行榜界面效果

任务目标	理解排行榜界面设计的思路和要点； 能够区分界面绘制过程中的明暗调子； 掌握二级标签与三级标签设计的差异化； 掌握排行列表元素的分布与对齐方法； 培养学生精益求精的工匠精神； 培育学生爱岗敬业的工作态度	 扫一扫观看演示视频
主要技术	图层组、钢笔工具、形状工具、图层蒙版、排列与对齐对象、 自由变换、图层样式、横排文字工具	
源文件	源文件 \ 项目四 \ 游戏排行榜界面 .psd	
素材	素材 \ 项目四 \	

4.6.1 任务分析

设计排行榜界面时，需要注意界面内容是否对齐，以及内容的主次和条理。本项目排行榜界面是一个全屏排行榜界面，如图 4-181 所示。

图 4-181 全屏排行榜界面

提 示

在设计排行榜界面时，整个界面要尽量排列整齐。如果排行榜界面中的内容较少，设计师可以采用相对自由的排列方式；如果排行榜界面内容较多，那么内容的排列就需要整整齐齐，只有这样，当玩家浏览界面信息时，视觉才不会疲劳。

排行榜界面左上角是排行榜界面的标题栏，标题栏左侧放置了"返回"按钮，方便玩家随时关闭排行榜界面并返回上一级界面，如图 4-182 所示。排行榜界面内容分为左右两部分。左侧用来放置二级和三级标签栏；右侧用来放置排行榜内容，如图 4-183 所示。

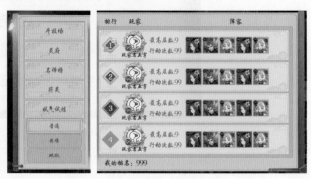

图 4-182　标题栏和返回按钮　　　　　　　　图 4-183　排行榜界面内容

相对于三级标签，二级标签比较重要，设计师在设计制作左侧二级或者三级标签时，可以将二级标签的尺寸设计得比较大，花纹设计得比较复杂，颜色也比较醒目；三级标签的造型和花纹可以设计得比较简单和朴素，这样设计，有利于玩家区分标签的重要性。

在设计三级标签时，还要为标签设计选中和未选中两种形态，如图 4-184 所示。本项目界面中将选中标签高亮显示并为其添加金色的边框和箭头，表示当标签被选中后，右侧即展示标签的信息；玩家将根据标签的暗示，将目光移动到界面右侧的排行展示区上。

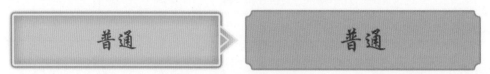

图 4-184　标签的选中和未选中状态

在设计制作右侧排行展示区时，在保证界面美观性的同时，还要注意界面中信息的对齐。除了要对齐排行展示区中的每一行信息，排行展示区中的每一组信息也要对齐，如图 4-185 所示。

图 4-185　对齐排行展示区中的信息

设计师还要对排行前三名的序列号进行设计，以凸显排行的差异化。第一名的序列号设计得最精美，采用两层结构并搭配精美的云纹；第二名的序列号虽然相对于第一名序列号设计得简单了一些，但对比效果依然强烈，效果也比较突出。第三名的序列号则设计得更简单，只需通过使用不同的颜色与其后的序列号产生区别即可，如图 4-186 所示。

图 4-186 序列号差异化设计

除了序列号有设计的等级，右侧"阵容"道具的颜色也有等级区分。随着游戏发展的日益成熟，道具颜色等级由低到高的顺序是白色、灰色、绿色、蓝色、紫色、橙色、红色。设计师只需要根据道具的等级设计不同的边框即可，如图 4-187 所示。玩家只需要通过浏览不同颜色的道具框，就可以大致了解道具是什么级别。

图 4-187 不同等级道具的颜色框

4.6.2 任务实施

步骤1 设计制作左侧二级标签

Step01 将"轮廓稿"图层显示出来，新建一个名为"左侧二级标签"的图层，使用"画笔工具"细化左侧二级标签轮廓，效果如图 4-188 所示。继续使用"画笔工具"绘制二级标签的装饰花纹轮廓，效果如图 4-189 所示。

图 4-188 细化左侧二级标签轮廓

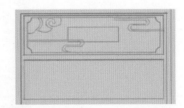

图 4-189 绘制二级标签花纹轮廓

提 示

所有的二级标签都具有相同的底框，所有的三级标签也具有相同的底框。设计师只需要分别设计出一款二级标签底框和一款三级标签底框，然后通过复制修改的方式制作其他标签即可。

Step02 参考轮廓图，使用"矩形工具"绘制填充颜色为 #c5c2bd 的矩形形状，效果如图 4-190 所示。为矩形图层添加"内阴影"图层样式，内阴影样式参数设置如图 4-191 所示。

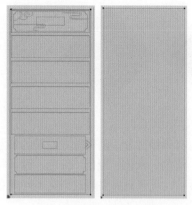

图 4-190　绘制矩形形状图形

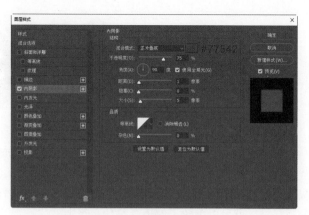

图 4-191　内阴影样式参数

Step03 选择左侧的"外发光"复选框，外发光样式设置参数如图 4-192 所示。单击"确定"按钮，为矩形应用外发光样式后的效果如图 4-193 所示。

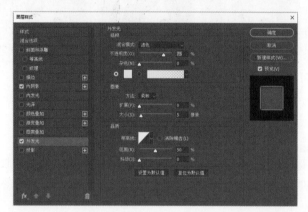

图 4-192　外发光样式参数

图 4-193　矩形外发光效果

Step04 参考轮廓图，使用"矩形工具"绘制填充颜色为 #ead4a5 的矩形形状，效果如图 4-194 所示。为矩形图层填充"描边"图层样式，描边样式参数设置如图 4-195 所示。

图 4-194　绘制矩形形状图形

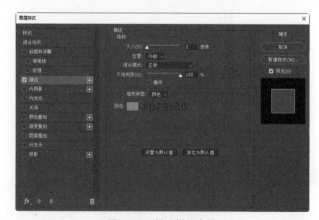

图 4-195　描边样式参数

Step05 选择左侧的"内发光"复选框，内发光样式参数设置如图 4-196 所示。单击"确定"按钮，为矩形应用图层样式后的效果如图 4-197 所示。

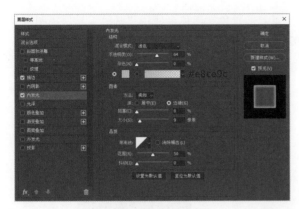

图 4-196 内发光样式参数

图 4-197 矩形应用样式后的效果

Step06 参考轮廓图，使用"椭圆工具"和"钢笔工具"绘制花纹形状图形，效果如图 4-198 所示。修改花纹形状图层的"填充"不透明度为 0% 并为其添加"描边"图层样式，描边样式参数设置如图 4-199 所示。

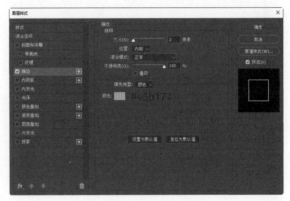

图 4-198 绘制花纹形状图形

图 4-199 描边样式参数

提 示

绘制二级标签花纹形状图形时，要注意花纹形状图形的四边距离二级标签边界的间距要相等。

Step07 单击"确定"按钮，描边效果如图 4-200 所示。新建一个名为"花纹"的图层，设置"前景色"为 #e3bb80，参考轮廓图，使用"画笔工具"绘制二级标签云纹，绘制效果如图 4-201 所示。

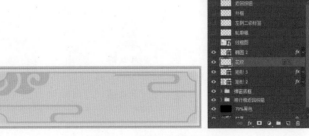

图 4-200 花纹描边效果

图 4-201 绘制二级标签云纹

Step 08 为"花纹"图层添加图层蒙版，设置"前景色"黑色，使用"画笔工具"在图层蒙版上涂抹，制作云纹的渐隐效果，如图 4-202 所示。"图层"面板如图 4-203 所示。

图 4-202　云纹渐隐效果　　　　　　　　图 4-203　"图层"面板

Step 09 参考轮廓图，使用"横排文字工具"在画布中的二级标签上单击并输入如图 4-204 所示的文字。

图 4-204　输入标签文字

Step 10 新建一个名为"二级标签 1"的图层组，将相关图层拖曳到新建的图层组中，"图层"面板如图 4-205 所示。参考轮廓图，使用"移动工具"拖曳复制 4 个"二级标签 1"图层组，效果如图 4-206 所示。

Step 11 使用"横排文字工具"选中文字并修改标签文字内容，如图 4-207 所示。修改"图层"面板中的图层组名称，如图 4-208 所示。

图 4-205　"图层"面板　　图 4-206 拖曳复制图层组　　图 4-207　修改标签文字　　图 4-208　修改图层组名称

复制二级标签和输入标签文字时，都要注意进行对齐操作。复制的二级标签要垂直对齐。标签文字要与标签底框在水平和垂直方向上对齐。

步骤2　设计制作左侧三级标签

Step01 参考轮廓图，使用"圆角矩形工具"绘制圆角"半径"为4像素的圆角矩形，如图4-209所示。修改"填充"颜色为#d9cebc，效果如图4-210所示。

图4-209　绘制圆角矩形　　　　　　　　　　　图4-210　修改圆角矩形的填充颜色

Step02 为圆角矩形图层添加"描边"图层样式，描边样式参数设置如图4-211所示。选择左侧的"内发光"复选框，内发光样式参数设置如图4-212所示。

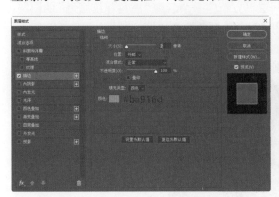

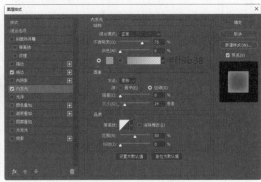

图4-211　描边样式参数　　　　　　　　　　　图4-212　内发光样式参数

Step03 选择左侧的"外发光"复选框，外发光样式参数设置如图4-213所示。单击"确定"按钮，为圆角矩形应用图层样式后的效果如图4-214所示。

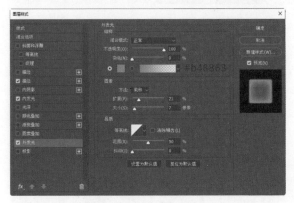

图4-213　外发光样式参数　　　　　　　　　　图4-214　圆角矩形应用图层样式后的效果

Step04 在圆角矩形图层上双击，在弹出的"图层样式"对话框的"描边"样式后单击➕图标，再次添加一个描边样式，描边样式参数设置如图 4-215 所示。单击"确定"按钮，圆角矩形描边效果如图 4-216 所示。

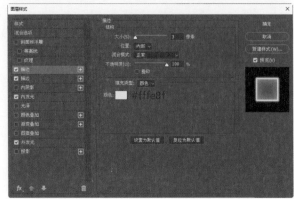

图 4-215 描边样式参数　　　　　　　　　　图 4-216 圆角矩形描边效果

Step05 新建一个名为"三角花纹"的图层，设置"前景色"为 #fcf66a，使用"画笔工具"绘制如图 4-217 所示的三角形状。在"三角花纹"图层下方新建一个名为"三角花纹底色"的图层，使用"多边形套索工具"创建三角形选区并使用 #f3b757 颜色填充选区，效果如图 4-218 所示。

Step06 使用"矩形选框工具"选中左侧重叠像素并删除，效果如图 4-219 所示。取消选区，使用"减淡工具"减淡右侧像素，制作三角形渐变效果，如图 4-220 所示。

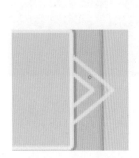

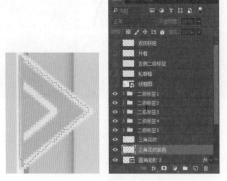

图 4-217 绘制三角形状　　　　　图 4-218 填充三角形底色　　　　　图 4-219 删除多余像素

Step07 参考轮廓图，使用"横排文字工具"在三级标签上单击并输入文字，效果如图 4-221 所示。

图 4-220 制作三角形渐变效果　　　　　　　　图 4-221 输入三级标签文字

Step 08 新建一个名为"选中三级标签"的图层组，将相关图层拖曳到新建的图层组中，"图层"面板如图 4-222 所示。使用"钢笔工具"和"圆角矩形"工具绘制未选中三级标签的底框形状图形，设置填充颜色为 #d0b88c，效果如图 4-223 所示。

图 4-222　"图层"面板

图 4-223　绘制未选中三级标签底框

Step 09 为未选中三级标签底框添加"描边"图层样式，描边样式参数设置如图 4-224 所示。使用"横排文字工具"在底框上单击并输入文字，效果如图 4-225 所示。

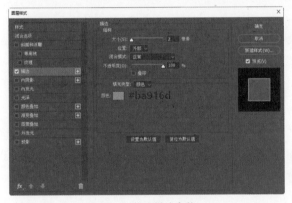

图 4-224　描边样式参数

图 4-225　输入文字

Step 10 新建一个名为"未选中三级标签"的图层组，将相关图层拖曳到新建的图层组中，"图层"面板如图 4-226 所示。使用"移动工具"拖曳复制"未选中三级标签"图层组，并修改文字和图层名称，如图 4-227 所示。

图 4-226　新建图层组

图 4-227　修改文字和图层名称

Step11 新建一个名为"左侧二级标签"的图层组，将所有相关图层拖曳到新建的图层组中，"图层"面板如图 4-228 所示。最终完成左侧二级标签栏效果的制作如图 4-229 所示。

图 4-228 管理图层

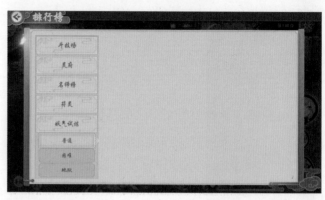

图 4-229 左侧二级标签栏效果

步骤3 设计制作右侧排行列表

Step01 将"线框稿"图层显示出来，新建一个名为"右侧列表"的图层，使用"画笔工具"细化线稿，效果如图 4-230 所示。继续使用"画笔工具"为线稿添加装饰云纹，效果如图 4-231 所示。

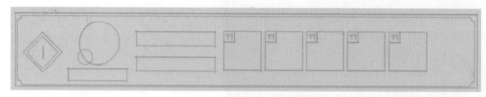

图 4-230 细化第一行列表线稿

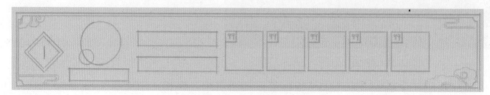

图 4-231 为线稿添加装饰云纹

提 示

　　右侧列表的内容是重复出现的，因此只需要设计制作第一行列表即可。细化线稿时，只要细化第一行列表线稿即可。

提 示

　　白色线稿图不利于绘制，可以按住Alt的同时单击"线框稿"图层缩览图，将其选区调出，使用"矩形选框工具"减去多余的选区后填充其他颜色。

Step02 继续使用"画笔工具"为序列号添加云纹装饰，效果如图4-232所示。参考线框稿，使用"矩形工具"绘制矩形形状，修改其填充颜色为 #c5c2bd，效果如图 4-233 所示。

Step03 为矩形图层添加"描边"图层样式，描边样式参数设置如图 4-234 所示。单击"确定"按钮，矩形描边效果如图 4-235 所示。

图 4-232 绘制序列号云纹

图 4-233 绘制矩形形状图形

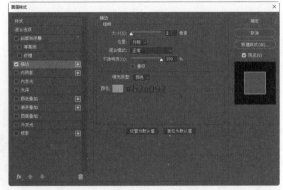
图 4-234 描边样式参数

Step 04 新建一个名为"分割线"的图层，设置"前景色"为 # f6edcc，使用"画笔工具"绘制如图 4-236 所示的分割线。在"分割线"图层下方新建一个名为"阴影"的图层，设置"前景色"为 #82756d，使用"画笔工具"沿着分割线右侧绘制阴影，效果如图 4-237 所示。

图 4-235 矩形图形描边效果

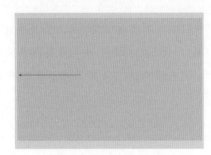
图 4-236 绘制分割线效果

图 4-237 绘制分割线右侧阴影

提 示

分割线阴影在分割线的右侧，绘制时注意不要画到分割线的左侧。可以先创建一个选区，然后再在选区中绘制，以避免画出边界。

Step 05 参考线框稿，使用"矩形工具"绘制矩形形状，修改填充颜色为 #ebe4da，效果如图 4-238 所示。为矩形图层添加"内发光"图层样式，内发光样式参数设置如图 4-239 所示。

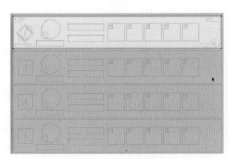
图 4-238 绘制列表底框

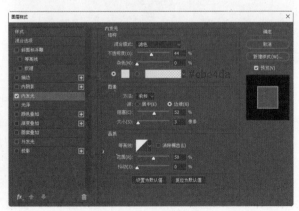
图 4-239 内发光样式参数

Step06 选择左侧的"外发光"复选框，外发光样式参数设置如图 4-240 所示。单击"确定"按钮，为矩形应用样式后的效果如图 4-241 所示。

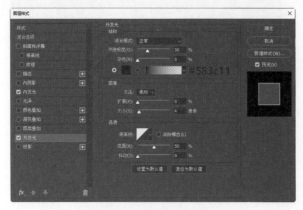

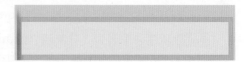

图 4-240　外发光样式参数　　　　　　　　　　　　　　图 4-241　矩形应用样式后的效果

Step07 参考线框稿，使用"钢笔工具"绘制底框花纹形状图形，效果如图 4-242 所示。修改花形状图形图层"填充"不透明度为 0%，为其添加"描边"图层样式，描边样式参数设置如图 4-243 所示。单击"确定"按钮，描边效果如图 4-244 所示。

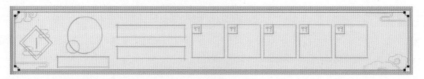

图 4-242　绘制花纹形状图形

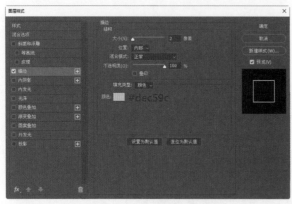

图 4-243　描边样式参数　　　　　　　　　　　　　　图 4-244　描边样式效果

Step08 新建一个名为"花纹"的图层，设置"前景色"为 #e3bb80，参考线框稿，使用"画笔工具"绘制云纹，效果如图 4-245 所示。

Step09 修改"花纹"图层的不透明度为 36%，并为其添加图层蒙版，设置"前景色"为黑色，使用"画笔工具"在蒙版上涂抹，制作渐隐花纹效果，如图 4-246 所示。

Step10 参考线框稿，使用"矩形工具"绘制正方形形状并旋转 45°，修改填充颜色为 #e3c9b0，效果如图 4-247 所示。为矩形图层添加"描边"图层样式，描边样式参数设置如图 4-248 所示。

图 4-245　绘制装饰云纹　　　　　　　　图 4-246　制作渐隐花纹效果

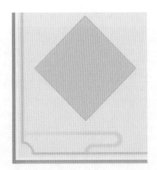

图 4-247　绘制正方形并旋转 45°

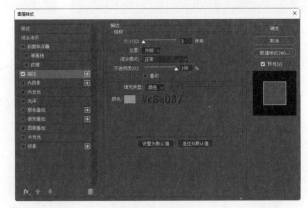

图 4-248　描边图层样式

Step 11 单击"确定"按钮，矩形形状的描边效果如图 4-249 所示。复制矩形并缩小，效果如图 4-250 所示。删除复制后的矩形图层的"描边"样式，并修改矩形的填充颜色为 #a76637，效果如图 4-251 所示。

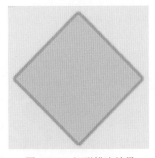
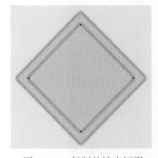

图 4-249　矩形描边效果　　　　图 4-250　复制并缩小矩形　　　　图 4-251　修改矩形填充颜色

Step 12 为复制后的矩形图层添加"描边"图层样式，描边样式参数设置如图 4-252 所示。选择左侧的"外发光"复选框，外发光样式参数设置如图 4-253 所示。

Step 13 单击"确定"按钮，矩形描边效果如图 4-254 所示。新建一个名为"云纹"的图层，设置"前景色"为 #e4b56d，使用"画笔工具"绘制云纹，效果如图 4-255 所示。为云纹图层添加"描边"图层样式，描边样式参数设置如图 4-256 所示。

Step 14 选择左侧的"投影"复选框，投影样式参数设置如图 4-257 所示。单击"确定"按钮，为云纹应用样式后的效果如图 4-258 所示。

Step 15 使用"减淡工具"提亮云纹的左上角和右下角，效果如图 4-259 所示。使用"横排文字工具"在画布中单击并输入文字，如图 4-260 所示。

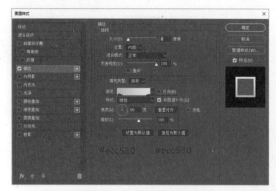

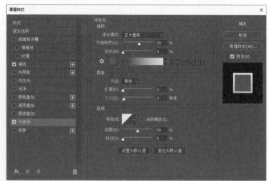

图 4-252　描边样式参数　　　　　　　　　　　图 4-253　外发光样式参数

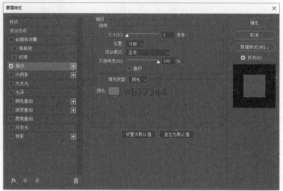

图 4-254　矩形应用样式效果　　图 4-255　绘制云纹　　　　　图 4-256　描边样式参数

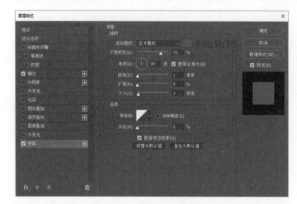

图 4-257　投影样式参数　　　　　　　　　　　图 4-258　云纹应用样式后的效果

图 4-259　提亮云纹局部　　　　　　　　　　图 4-260　输入文字内容

Step16 为文字图层添加"外发光"图层样式，外发光各项参数设置如图 4-261 所示。单击"确定"按钮，文字外发光效果如图 4-262 所示。

Step17 新建一个名为"排名 1"的图层组，将所有相关图层拖曳到该图层组中，"图层"面板如图 4-263 所示。完成后的序列号绘制效果如图 4-264 所示。

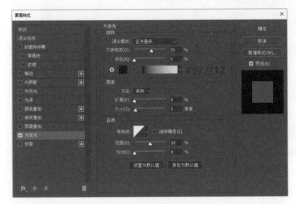

图 4-261　外发光样式参数　　　　　图 4-262　外发光效果　　图 4-263　"图层"面板

Step18 将"头像框 .png"图像文件打开并拖曳到排行榜界面中，按 Ctrl+T 组合键，参考线框图调整头像框大小，如图 4-265 所示。为"头像框"图层添加"投影"图层样式，参数设置如图 4-266 所示。

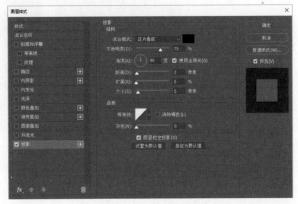

图 4-264　序列号绘制效果　　图 4-265　调整头像框　　　　　图 4-266　投影样式参数

Step19 单击"确定"按钮，投影效果如图 4-267 所示。将"头像 .jpg"文件打开并拖曳到排行榜界面中，调整其图层到"头像框"图层下方，效果如图 4-268 所示。

Step20 为"头像"图层添加图层蒙版，设置"前景色"为黑色，使用"画笔工具"在蒙版中涂抹，效果如图 4-269 所示。

图 4-267　投影样式效果　　　　图 4-268　添加头像文件　　　　图 4-269　图层蒙版隐藏多余内容

Step21 参考线框图，使用"椭圆工具"绘制一个圆形，修改填充颜色为 # 8f5740，效果如图 4-270 所示。为圆形图层添加"描边"图层样式，描边样式参数设置如图 4-271 所示。

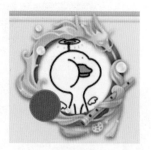

图 4-270　绘制圆形

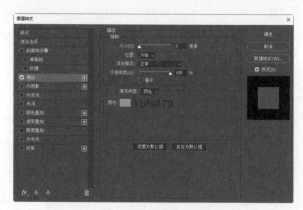

图 4-271　描边样式参数

Step22 使用"横排文字工具"在圆形上单击并输入文字，效果如图 4-272 所示。为文字图层添加"描边"图层样式，描边样式参数设置如图 4-273 所示。

图 4-272　输入文字

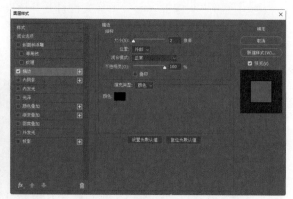

图 4-273　描边样式参数

Step23 单击"确定"按钮，文字描边效果如图 4-274 所示。使用"横排文字工具"在头像框下方输入玩家 ID，效果如图 4-275 所示。

图 4-274　文字描边效果

图 4-275　输入玩家 ID

Step24 新建一个名为"玩家头像"的图层组，将相关图层拖曳到新建的图层组中，"图层"面板如图 4-276 所示。玩家头像的完成效果如图 4-277 所示。

Step25 参考轮廓图，使用"横排文字工具"在玩家头像后面输入玩家最高层数和行动次数文字，如图 4-278 所示。

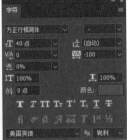

图 4-276 "图层"面板 图 4-277 头像框效果 图 4-278 输入玩家最高层数和行动次数文字

提示

输入文字时除了要注意文字左对齐，还要使文字与玩家头像水平对齐。可以将文字图层暂时放置在图层组中，使用图层组对齐底框和其他元素。

Step26 将符灵图标素材拖曳到排行榜界面中并参考轮廓图排列，效果如图 4-279 所示。新建一个名为"1 号玩家"的图层组，将相关图层拖曳到该图层组中，"图层"面板如图 4-280 所示。

图 4-279 合并符灵图标素材 图 4-280 管理图层

Step27 参考轮廓图，按住 Alt 键的同时使用"移动工具"拖曳复制 3 个副本，效果如图 4-281 所示。修改"图层"面板中的图层组的名称，"图层"面板如图 4-282 所示。

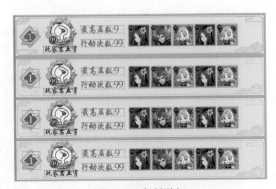

图 4-281 复制副本 图 4-282 修改图层组名称

Step28 将"2号玩家"排名框中的云纹删除并修改文字内容，效果如图4-283所示。修改中间矩形的填充颜色为#42567b，效果如图4-284所示。双击中间矩形图层，修改"渐变叠加"样式参数如图4-285所示。

  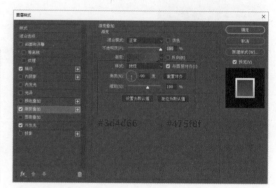

图4-283　删除云纹并　图4-284　修改矩形填充颜色　　　　图4-285　修改渐变叠加样式参数
　　　　　修改文字

Step29 继续修改"描边"样式参数如图4-286所示，修改"外发光"样式参数如图4-287所示。

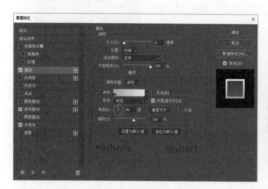 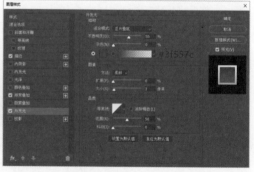

图4-286　修改描边样式参数　　　　　　　　　　图4-287　修改外发光样式参数

Step30 单击"确定"按钮，修改效果如图4-288所示。修改底部矩形的填充颜色为#cbcac5，效果如图4-289所示。双击中间矩形图层，修改"描边"样式参数如图4-290所示。

  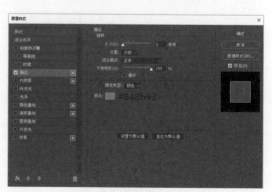

图4-288　修改样式效果　图4-289　修改底层矩形颜色　　　图4-290　修改描边样式参数

Step 31 单击"确定"按钮,修改效果如图 4-291 所示。继续使用相同的方法,修改其他两个排名框,修改效果如图 4-292 所示。

图 4-291 修改样式效果　　　　图 4-292 修改其他排名框效果

Step 32 参考轮廓图,使用"横排文字工具"在右侧列表的上方和下方输入文字,效果如图 4-293 所示。新建一个名为"右侧列表"的图层组,将所有相关图层拖曳到该图层组中,"图层"面板如图 4-294 所示。

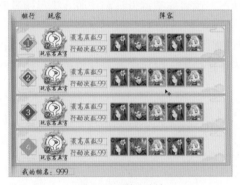

图 4-293 输入文字　　　　　　　图 4-294 管理图层

Step 33 按 Ctrl+S 组合键,将文件以"排行榜界面 .psd"为名进行保存。完成后的效果如图 4-295 所示。按 Shift+Ctrl+S 组合键,将文件以"排行榜界面 .jpg"为名进行保存,如图 4-296 所示。

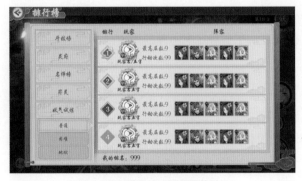

图 4-295 排行榜界面最终效果　　　　图 4-296 另存为 JPG 格式文件

4.6.3 任务评价

(1)二级标签是否对齐,文字、花纹是否清晰。

（2）三角标签是否对齐，文字是否清晰、易于辨认。

（3）三级标签的选中状态是否醒目、艳丽，是否能明确区分未选中状态。

（4）左侧分隔条的高光和阴影是否清晰，是否能体现空间层次感。

（5）文字的排列是否整齐，是否清晰可辨。

（6）排名框中的花纹是否清晰、协调。

（7）排名框中的图标、文字和玩家头像等元素是否对齐。

（8）左侧排名框的设计效果从上往下是否逐级减少。

4.7 项目小结

本项目通过 3 个任务完成了游戏排行榜界面的设计制作，详细讲解了使用 Photoshop 绘制排行榜界面中不同元素的方法和技巧，帮助读者了解游戏排行榜界面制作规范的同时，使读者掌握游戏界面输出和存储的要点。通过本项目的学习，读者应掌握设计制作游戏排行榜界面的流程和方法，以及输出文件的方法和技巧。

设计制作游戏排行榜界面的过程中，依据专业课程的特点采取了恰当方式自然融入龙图腾、蝴蝶花纹和云纹等传中国传统文化，积极弘扬中华美育精神，引导读者自觉传承中华优秀传统艺术，增强文化自信，培养创新意识。

4.8 课后测试

完成本项目学习后，接下来通过几道课后测试，检验一下对"设计制作游戏排行榜界面"的学习效果，同时加深对所学知识的理解。

4.8.1 选择题

在下面的选项中，只有一个是正确答案，请将其选出来并填入括号内。

1）巴图分类法是用来分析（   ）游戏环境下游戏玩家心理的理论。

A. 单人

B. 多人

C. 个人

D. 成人

2）排行榜界面是游戏内容以某个参数为依据进行的玩家排名活动，满足了成就型玩家的（   ）。

A. 社交需求

B. 成就感

C. 好奇心

D. 存在感

3）全屏排行榜界面的标题一定放置在界面的左上角，且标题的左侧会添加一个（ ）。

A. 标题按钮

B. 关闭按钮

C. 加入按钮

D. 返回按钮

4）将玩家进行等级划分，能够刺激（ ）型玩家，让他们在游戏中多多努力，将自己的排名尽量靠前。

A. 成就

B. 杀手

C. 社交

D. 探索

5）设计师还要对排行前三名的序列号进行设计，以凸显排行的（ ）。

A. 一致性

B. 理性

C. 差异化

D. 立体化

4.8.2 判断题

判断下列各项叙述是否正确，对，打"√"；错，打"×"。

1）如果玩家进入前十名，甚至进入前三名，则需要添加华丽的鼓励性文字，让玩家更进一步或保证排名不掉落。（ ）

2）在设计三级标签时，还要为标签设计选中和未选中两种形态。（ ）

3）设计排行榜界面时，需要注意界面内容的对齐、内容的主次和内容的条理。（ ）

4）三面是指物体在受光的照射后，呈现出不同的明暗。受光的一面叫亮面，侧受光的一面叫灰面，背光的一面叫暗面。（ ）

5）头像框的内容比较多，为了获得较好的效果，在铺色时通常会在一个图层中进行铺色。（ ）

4.8.3 创新题

使用本项目所学的内容，读者充分发挥自己的想象力和创作力，参考如图 4-297 所示的游戏排行榜界面，设计制作一款科技风格的游戏排行榜界面，要确保排行榜界面中所有元素的风格一致，同时，做好资源整合和元素输出的工作。

图 4-297 科技风格的游戏排行榜界面